生活因阅读而精彩

生活因阅读而精彩

别做心理的囚徒

借自我暗示获得正向能量

林伟宸 ⊙编著

中国華僑出版社

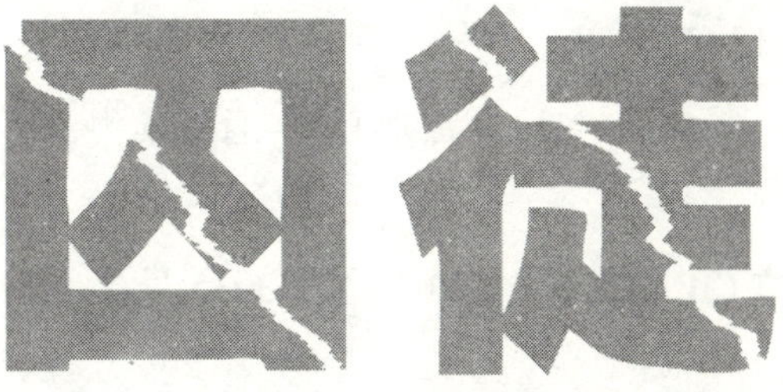

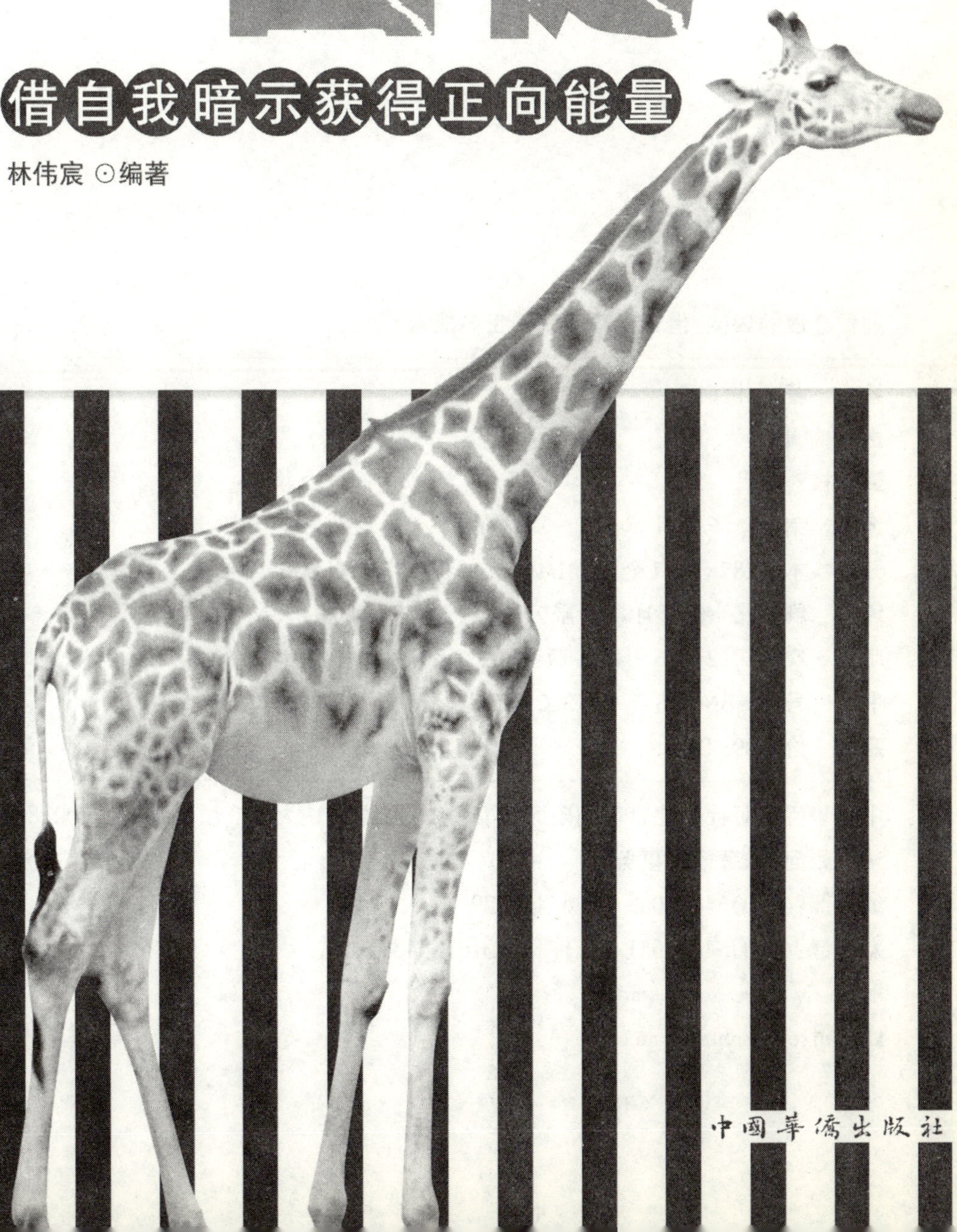

图书在版编目(CIP)数据

别做心理的囚徒:借自我暗示获得正向能量 / 林伟宸编著.—北京:中国华侨出版社,2012.5

ISBN 978-7-5113-2267-8

Ⅰ.①别… Ⅱ.①林… Ⅲ.①成功心理-通俗读物 Ⅳ.①B848.4-49

中国版本图书馆 CIP 数据核字(2012)第053935号

别做心理的囚徒:借自我暗示获得正向能量

编　　著 / 林伟宸
责任编辑 / 尹　影
责任校对 / 吕　红
经　　销 / 新华书店
开　　本 / 787×1092 毫米　1/16 开　印张/17　字数/250 千字
印　　刷 / 北京溢漾印刷有限公司
版　　次 / 2012 年 6 月第 1 版　2012 年 6 月第 1 次印刷
书　　号 / ISBN 978-7-5113-2267-8
定　　价 / 29.80 元

中国华侨出版社　北京市朝阳区静安里 26 号通成达大厦 3 层　邮编:100028

法律顾问:陈鹰律师事务所

编辑部:(010)64443056　64443979

发行部:(010)64443051　传真:(010)64439708

网址:www.oveaschin.com

E-mail:oveaschin@sina.com

前言

QIANYAN

有时苦闷、有时焦躁、有时失落,你曾因无法掌控自己的心理而懊恼过吗?你是否总有被别人、被环境或莫名其妙的东西牵着鼻子走的感觉?仿佛身处囚笼,令你呼吸困难、举步维艰?

无奈地接受被动的处境吗?相信你是不甘心的,你只是一时找不到好办法来解救自己,才暂时垂下了高傲的头。不过,你真的不必过于沮丧。你必须明白,环境怎样并不重要,重要的是让自己的内心强大起来,才能不做心理的囚徒。

也许你目前身处低谷,一无所有,但是空空的手心并不意味着空空的内心。内心是一个有着无限能量的东西,它可以强大到屹立如山,遇风雨而不倒,承载天地之精华而荣,让生命之光在世间永驻,将平凡之人推向至高的巅峰。

是不是有些不可思议?你不相信吗?

不妨回想一下,世界上是不是有些人积极向上、自信豁达,他们总是影响着周围的人,而很少受他人影响。最重要的是,他们可以得到他们想要的一切,这一切不是因为别的,而是源自于内心的强大,他们都有着强大的内心，如一匹悍马一样充满力量，具有影响力和征服力。

那么，怎样让自己的内心获得强大的力量呢？

没有人能告诉你第一步应该怎么做，第二步应该怎么做。在这个过程里，需要你拿出更多的时间来了解自己，解读心理的密码，摸清心灵的脉络，正可谓“知己知彼，才能百战不殆”，这就是本书的意义。

本书在抽丝剥茧地揭示心理对人生的重要性时，也通过一个个鲜活形象的故事启迪你：内心的强大是内心的安定与平静，如此就不会积聚太多的负面能量、冲突和矛盾；内心的强大、是心无旁骛、坚持自我，如此才能坚定地朝着目标前进；内心的强大是对未来充满希望，无论遭遇多么艰难的困苦……

洞悉自己内心世界的奥秘，积极地控制自己的心理，避免被负面的东西操纵，你会发现，原来自己的心理能量如此强大，被动的命运并非不可逆转，你也真的不必如此无奈和沮丧，如此你将离成功越来越近。

目录

MULU

第1章 听从内心的呼唤，做有“向心力”的自己

无论做什么，都要听从自己内心的呼唤，如此便毫无怨言了。

第2章 坚守清晰的人生目标，不活在他人的目光里

制订自己的人生目标，并朝着这个目标不断努力，不管他人的说三道四。

第5章 战胜一切“坏”心理，带着希望上路

当你的内心强大到可以战胜一切恐惧与悲观的时候，就无所谓失望了，因为人在哪儿，希望就在哪儿。

第6章 借助暗示和小成就引导自己内心的强大

不管做什么事情，遇到的境遇如何，至少让自己做成功一件事，然后成功的事情就会越来越多。

第7章 保持安定与平静，为动荡的心"减震"

内心的强大是不纠缠、不羁绊的状态，无牵无挂、不计较、不被琐事烦扰的心灵才能轻舞上天堂。

第8章 生存可以随遇而安，生命必须有所坚持

待人接物随和礼让，凡事顺而少争执；坚守信念，原则问题不让步。通达和坚守一并而行，有取有舍，有进有退。

第9章 盯着"心窗"向前看，不受外界的影响

内心强大的人，不论外界有多少诱惑都能心无旁骛，固守着内心的那一份坚定。

第 *10* 章 做最坏的打算，争取最好的结果

内心强大的人常常不失眠、不焦虑、不急躁，能随时随地地做人生中最坏的打算，却往最好处追求。

第 *11* 章 不因别人的优秀而影响自己的成功

对于别人的优势与取得的成功，平静地看待、真诚地祝福，不忌妒、不攀比、不自卑，这是内心强大的标识。

第12章 可以情绪化，但不可以“只放不收”

一个内心强大的人能够克制自己的情绪，战胜愤怒、怨恨和仇视的情绪，以自由而博爱的心态与人交往。

第13章 要比别人更强悍，就要接受“抗压训练”

人生没有绝对的公平，但是具有相对的公平。在一个天平秤上，你得到的越多，也必须比别人承受得更多。

第14章 不必悲观，泥泞的路只是暂时的

地球在运动，你不可能永远处在倒霉的位置。

第15章　尝试接触新事物,成就全新的自己

害怕树叶的人永远都无法走入森林。打破以往的心灵秩序和你与世界的联系方式,才能在心理上变得强大。

第1章 听从内心的呼唤，做有“向心力”的自己

无论做什么，都要听从自己内心的呼唤，如此便毫无怨言了。

坐在前排，勇于亮出自己

回想一下，上大学的时候，每次上课是不是坐在前几排的人寥寥无几，后面的座位却被抢先占满了？参加工作后，你也会看到这种现象：公司开会时靠近领导前几排的位置常空出一片，极少有人坐。

为何人们不喜欢坐在前面，偏偏选择后排的位置呢？

这是因为，在很多人眼里，前排的位置离领导太近了、太显眼，万一领导要提问或是有什么差事要差遣，总是先注意到前排的人。相反，坐在后面的位置被领导注意的可能性就小一些，就会感觉轻松和安全一些，而且可以“开小差”。

事实上，愿不愿、敢不敢坐前排看似小事，却可以折射出一个人内心力量的强弱。别人不敢坐你却坐了，别人不好意思坐你却坐了，这不仅表现了你有较强的心理素质，还有很强的自信心。观察一下，不难发现，每次开会坐前排的人大多是工作积极认真、能力强、不惧怕压力、工作非常出色的人。他们的言谈举止中都充满着自信，有一种敢作敢为、敢于迎接挑战的魄力。

毫无疑问，这种由内而发的精神状态能增强别人对你的好印象，对你增加信心和信任，于是一个个成功的契机就这样出现了。试想，在一场演讲会上，如果演讲者发名片的话，谁最有可能得到？一定是坐在前排积极听讲的人。如果是场集体面试会，谁能首先获得面试的机会？同样是坐在前排跃跃欲试的人。

有个教授曾要求他的学生们自由进入一个宽敞的大礼堂并找个座位坐下。反复几次后，教授发现有的学生总爱坐前排，有的学生则盲目随意，还有一些学生始终坐在后排。教授分别记下了他们的名字，10年后再对这些学生进行调查，结果发现，爱坐在前排的学生的成功比例高出其他学生很多。

的确如此，在这个竞争激烈、人才辈出的社会里，坐第一排才能亮出你自己，才能更引人注目，才有机会被人赏识，才有可能出人头地。事实上，那些成功的领导或者社会名流都是坐在前排、勇于亮出自己的人。

20世纪30年代英国一个不出名的小镇里，有一个叫玛格丽特的小姑娘，她自小就受到严格的家庭教育，父亲经常向她灌输这样的观点：不管做任何事情都要争一流，别落在他人的后面，就算是坐公共汽车也要坐在前排。

因此，在她的学习、生活和工作中，玛格丽特时时牢记父亲的教导，这培养了她积极向上的决心和信心，她总是抱着一往无前的精神，尽自己最大的努力克服一切困难，事事必争一流，以自己的行动实践着“永远坐在前排”的信念。

上大学时，学校入学考试科目中要求学5年的拉丁文课程，玛格丽特凭着顽强的毅力和拼搏精神，硬是在一个学期内全部学完了，而且考试成绩名列前茅；学校经常邀请名人演讲，每当这时玛格丽特总是坐在第一排，她还大胆地向演讲者提出各种问题。不仅如此，她在体育、唱歌、演讲及学校的其他活动方面也都一直走在前列，是学生中的佼佼者之一。

正因为如此，40年后英国乃至整个欧洲政坛上出现了一颗耀眼的明星，她就是1979年成为英国第一位女首相、日后雄踞政坛长达11年之久、被世界政坛誉为“铁娘子”的玛格丽特·撒切尔夫人。

无论做什么事情，你的态度决定你的高度。在人生旅途上，能够最终领略美妙风景的必然是那些强烈渴望登顶，并为之不懈跋涉的追求者。玛格丽特·撒切尔夫人之所以能够取得成功，正是因为她从小养成了事事必争一流、“永远坐在第一排”的好心态。有了这样积极主动的心态，又有自信，自然就有了成长的动力，所以她成功了。

第一永远只有一个，争坐前排并不是一定要做第一，而是要有这种为实现人生目标而不懈努力、一往无前的勇气和争创一流的精神。是鱼就应跃龙门，是鹰就当搏击长空，是千里马就应展示自己。

“永远坐在前排”，你的每一个细微的行动都会受人瞩目。也许你会有些不自在，但要记住，有关成功的一切都是显眼的。如果你想有所作为，那么就要听从内心的呼唤，勇敢地展示自己，做出好的表现。

你有没有坐在前排的习惯？如果有，请继续发扬；如果没有，建议你从现在开始让“永远坐在前排”的信念在心中生根，并采取相应的积极行动。唯有如此，你的内心才能如“悍马”般强大，进而真正实现大作为。

关键时刻要站得出来，更要豁得出去

有一句耳熟能详的话：关键时刻要经得住考验，要站得出来、豁得出去。比如，经典电影《英雄儿女》中的王成，在阵地上，当战友们全部牺牲后，他对着报话机高喊：“为了胜利，向我开炮！”

所谓“关键时刻要经得住考验，要站得出来、豁得出去”，是指在关键时刻、关键场合，团队利益将遭受损害时，无论是否关系到自己的责任，都要能够主动站出来维护团队的利益，像爱护眼睛一样维护团队的荣誉。

遗憾的是，现实生活中不少人奉行利己主义，只追求眼前的个人实惠，认为为团队付出只是提升了团队的价值，自己从中得不到多少好处，因此总是推三阻四，即使勉强做了也会喋喋不休地抱怨。

然而，仅仅只有团队是受益者吗？答案是否定的，事实上你自己也是受益者，而且还是最终、最大的受益者。要知道，团队给个人发展提供了平台，团队的强大最易促进个人成才与带动个人事业发展，维护团队其实就是维护自己。

很多时候，“向心力”的强弱是与崇高的责任感、使命感联系在一起的。一个“向心力”真正强大的人，有着超乎一般的远见卓识，能在大家茫然四顾的关键时刻有勇气主动站出来，独自扛起较大的压力和责任。

曾国藩所处的时代是大清朝由盛世转为没落、衰败的时期，面对接踵而来的内忧外患，曾国藩没有望而却步，也没有袖手旁观，而是将“担当敢为、挺身而出”作为人生信条，时刻等待着将自己的一片忠心奉献给国家。

曾国藩原本是一名文官，但在朝廷遭受外忧内患、岌岌可危之际，他毅然投笔从戎，为保护大清朝而组建了一支强有力的队伍——湘军。湘军将帅之廉勇、军纪之严格，使其勇猛善战，使湘军威震天下。正是这样一支坚强的队伍将大清朝从死亡的边缘拉了回来，更赢得了诸多后人的赞叹和敬佩。

曾国藩的母亲去世之后，曾国藩回乡为母奔丧。在这段时间里，太平军节节北上，时事已经对清廷极为不利了。行至途中，曾国藩得知此情况后不顾个人安危，不顾世人讥笑(儿女需为父母守丧方为孝)，毅然返回京师，率领湘军与太平军再度作战，对朝廷忠于职守，未见母亲最后一面。

受两次鸦片战争的冲击，曾国藩十分痛恨西方人侵略中国，同时他对清王朝的腐败衰落洞若观火，于是主张向西方学习先进的科学技术：“可以剿发捻，可以勤远略。”在他的倡议下，中国出现了第一艘轮船、第一所兵工学堂、第一批赴美留学生……曾国藩被称为真正的“睁眼看世界”并积极实践的第一人。

虽说曾国藩维护的是封建统治，在今天看来不值得提倡。不过，作为清廷重臣，他能够在关键时刻勇敢挺身而出，大显身手，给大清朝的稳固注入强心剂，可谓是尽显英雄本色。当然，曾国藩的这份忠心赢得了朝廷对他的信任,换回了他的一番伟业,更换回了后人对他的赞扬。

在关键时刻站得出来,更要豁得出去,这不仅是对一个人道德素养的考验,而且是一种勇于承担责任、实现自我的方式。是维护团队的利益还是个人的利益?你内心的力量是大是小,就决定于你此刻的选择。好好想一想,你应该怎么做。

一位伟人曾说:人生所有的履历都必须排在勇于负责的精神之后。责任是使命,责任是动力,一个具有强烈责任感的人才可能有强烈的使命感和强大的内在动力,才能勇于担当,才能有所作为。

听从内心的呼唤,记住维护团队就是成就自己,关键时刻挺身而出,敢于喊"向我开炮"并且毫无怨言,凝成一股强大的冲击力,如此你就拥有了"悍马"般强大的心灵力量,就能影响和征服别人,获得他人的赞誉和尊重。

关键时刻,站出来就是英雄,但是并非只要如此就能展现你足够的"向心力",更重要的是在平时要提前做好"防患于未然"的准备,如此,在风险或危机来临时能够真正地承担起这份责任感、使命感,并且将之贯彻到底。

有人说,是"9·11"成就了纽约前市长鲁道夫·朱利安尼。

的确,当世界贸易中心双塔倒塌时,朱利安尼第一时间站了出来,直接或间接地下达了数百道命令,他亲自指挥在场的数百名人员进行救援活动,抢救遭到摧毁的公共设施,并且前往医院慰问受伤者和罹难者的家属。他说:"我必须露面,我是纽约市市长,如果我不出现,将对这个城市更加不利。"

在那段时间里,他频繁出现在全国性媒体的电视画面和广播上,提供各种重要的信息给全国民众。举例而言,他号召大众进行遍及全市的反恐行动,澄清了纽约市并没有遭遇生物或化学武器攻击的迹象,他还说:"明天的纽约就将屹立于此,我们将要重建,而且我们也会变得比以前更坚强……"

面对如此紧急的情况,朱利安尼为何如此不慌不乱、有条不紊?事实上,在上任之初他曾花了一年多的时间学习《危机管理》这门功课，诸如生化武器或炸弹攻击等，并且反复检讨与练习。所以，“9·11”的发生虽然出人意料、前所未有，但他还是快速、准确地做出了反应。

最终，在朱利安尼理智的带领下，纽约市民走过这场前所未有的变局。对“9·11”灾难的处理事件可以说是朱利安尼生涯中最闪亮的一刻，他临危不乱的领导能力获得了各方的赞美，“美国市长”这一称号一直伴随他至今。

鲁道夫·朱利安尼具有强烈的防患于未然的意识，听从内心“我必须露面，我是纽约市市长”的召唤，第一时间站出来积极地应对“9·11”灾难，顺利地帮助美国民众开展起了抗灾救灾活动，也担负起了促使经济复苏的使命。这就是负责任、有担当的表现，是一种吸引人心、引领人心的“向心力”。

如今，越来越多的人开始反思：那些拥有众多财富的成功者是不是真正强大的人？答案显然是否定的。事实上，人们不再简单地将财富视为成功的标志，而是将那些勇于担当、勇于负责的人视为真正的英雄。

一生做好一件事真的很了不起

一个人一生可做的事情很多，如今不少人都有这样的想法，自己最好身怀18般技艺、头顶三四个职务或者身兼五六个头衔，甚至恨不得将自己大卸八块，分别扔进不同专业的领地里去占个地盘。

这样的人看似聪明无比，却不知做事杂乱无章，心灵居无定所，轰轰烈烈地一场乱忙，最后往往所获有限，甚至导致身心崩溃。正如隋朝天台智者大师所说：“众生根钝，浊乱者多，若不专系一心一境，三昧难成。”

事实上，人生的灯塔只有一个，我们一生只需做好一件事。正如比尔·盖茨所说:“如果你想同时坐两把椅子,就会掉到两把椅子之间的地上。我之所以取得了成功,是因为我一生只选定了一把椅子。”的确,因为选择了 IT 事业,比尔·盖茨毅然放弃了哈佛学业,放弃了父母为他提供的优越工作。

因此,面对一生中的诸多事情,如果你足够聪明,就应该学会选择;如果你足够勇敢,就应该学会舍弃。

有这样一首小诗:“不舍弃鲜花的绚丽,就得不到果实的香甜;不舍弃黑夜的温馨,就得不到朝日的明艳。”成功的道路有很多条,我们必须听从自己内心的选择,明确该选择什么、该放弃什么。

的确,人的时间和精力有限,鱼和熊掌不可兼得。多是负担,是另一种失去;少非不足,是另一种有余;舍弃也不一定是失去,而是对坚持的延续、一种更宽阔的拥有。这是衡量一个人是否成熟、智慧的重要标准。

冷静而准确地认识自己、认识环境,听从自己内心的选择,拿得起,放得下,做有“向心力”的自己,一生做好一件事是一种量力而行的睿智和远见,是顾全大局的果敢和胆识,真的很了不起。

有的人做了一辈子事儿,却没有一件能让人记住的;但有的人一辈子只做了一件事儿,就让人记住了。成功其实不是什么难事儿,有选择、有舍弃;拿得起,放得下,并且记住这是在为自己的人生负责,便毫无怨言,下面的事例便很好地诠释了这个道理。

约瑟夫·雷杜德是法国的一名著名画家,他出身于一个画家世家,他的爷爷是画家,父亲是画家,所以他在很小的时候便开始学习作画,而且他只做了一件事:画玫瑰,画玫瑰的根茎、叶子、花朵、果实等。

父亲并不看好雷杜德画玫瑰,在他看来,人们只爱看圣徒和英雄,没人会付钱给画家画玫瑰的。但是,雷杜德却全神贯注地研究玫瑰,耐心地画着一朵又一朵玫瑰。

整整 20 年,雷杜德记录了 169 种玫瑰的姿容,花朵神采各异,颜色淡雅，色泽过渡自然，最终玫瑰成了他的巅峰之作，无人逾越，雷杜德也被称作“花卉画中的拉斐尔”、“玫瑰大师”、“玫瑰绘画之父”。

浪漫的玫瑰来自最不浪漫的劳作，约瑟夫·雷杜德的成功再一次为我们提供了有力佐证：听从内心的选择，倾其所有坚守一个信念，专心努力一辈子，你就可能在某个领域有所作为。

无独有偶，英国著名女性小说家简·奥斯汀也是一生只做一件事而成功的典型。

简·奥斯汀出生在英国汉普郡斯蒂文顿镇的一个牧师家庭，初恋以被迫分手告终，于是奥斯汀选择终身不嫁，而将所有未了的情感注入文学创作，她总是热衷于男男女女们的感情事件、择偶标准、生活趣味。

有人说简·奥斯汀所写的都是小地方的小事情，丝毫没有任何“突破”或者“转型”，其中反对声音最大的当属同样是英国女作家的夏洛蒂·勃朗特，她在私人信件里曾经极为严厉地批评过奥斯汀：“她所描绘的故事里，没有开阔的田野，没有新鲜的空气，没有青山，没有绿水。她的那些绅士淑女们住在雅致的但是密闭的房子里，我才不愿意跟他们住在一起呢。”

但是，简·奥斯汀坚持写了下来，至今她的作品《理智与情感》、《傲慢与偏见》等，均被当成了“婚恋圣经”，成为毫无争议的经典，她个人也被成为“第一个现实地描绘日常平凡生活中平凡人物的小说家”。

一生做好一件事，真的很了不起。听从你内心的呼唤，明确自己最想做的那件事情。选择好了之后就心无旁骛、始终不渝地坚持下去吧。如果你用10年只做这一件事情，想想看下一个“世界第一”会是谁？

挑战自己，将沙子变成珍珠

没有沙子便没有珍珠，给你一个选择，想做沙子还是珍珠？

相信很多人会说，沙子那么普通，无处不在，随处可见，又是那么卑微；而珍珠比较稀有珍贵，又是那么光鲜、那么高贵，当然选择做珍珠了。世人皆想做珍珠，却很少有人能够真正地成为珍珠。

这是因为，由一粒沙子变成一颗珍珠不是一朝一夕的事情，沙子要关在厚厚的蚌壳里，被俗称“珠母”的分泌物一层层包裹，忍受暗无天日的生活，忍受疼痛的煎熬和难奈的孤独，3 年，5 年，甚至更长……

有这样一个故事。

它原本是绵长沙滩上雪白沙砾中的一员，每天享受着阳光和海水的抚摸，也承受着被人践踏的痛苦。它常想：“我一辈子就只能做沙子吗？我不甘心。”直到一天它听说了一粒沙子在河蚌身体里变成珍珠的故事，它决定也要那样做。

旁边的沙粒都嘲笑它太傻，去蚌壳里住，见不到阳光、雨露、明月、清风，甚至还缺少空气，只能与黑暗、潮湿、寒冷、孤独为伍，多么不值得。可那颗沙子还是无怨无悔地跳入了一个河蚌的身体里。

许多年过去了，河蚌打开了自己的身体，一道绚丽的光射出来，那粒沙子终于长成为一颗晶莹剔透、价值连城的珍珠，而曾经嘲笑它的那些伙伴们，有的依然是海滩上平凡的沙粒，有的已化为尘埃。

每颗珍珠原本都是一粒沙子，但并不是每一粒沙子都能成为一颗珍珠，这主要取决于沙子内心作出的选择。同样，每一个人都有成功的潜力，关键是你内心是否做好了付出的准备、是否能够勇敢地挑战自己。

当一些人被问及最近过得怎样时，他们的回答几乎都是千篇一律:"马马虎虎,混口饭吃"、"能怎样啊,还是小职员一个……"为什么他们总是如此说呢?就是因为他们安逸于现状,缺少自我挑战的想法和勇气。

了解了这些后,你要想从"沙子"变成"珍珠",拥有卓尔不群、鹤立鸡群的资本,就要强化自己的心灵力量,对自己提出超出一般人的期许,不断地挑战自我以迎接随之而来的痛苦、磨难、艰辛等,并且毫无怨言。

黄寒大学毕业后,在北京某公司工作,职位是行政专员。说是行政专员,其实与打杂无异,什么都干,不但要负责打扫办公室卫生,还要负责给人端茶倒水。在整个办公楼的200个雇员里,她是工作量最大、拿薪水最少的员工,可她从来不会抱怨,还会笑着说:"这是我的工作。"

然而,这种内心的平衡很快便被打破了,一次,因为忘记带工作证,她被公司保安挡在了门外。无论她怎么解释,保安都不理会。她委屈地站在公司门口,却惊异地发现其他人也没有佩戴工作证,而保安却不闻不问。她问保安:"为什么让他们进去?"得到的回答却是:"你赶紧走,就是不让你进,你和人家不一样!"

看着自己寒酸的衣装、老土的打扮,再看看那些衣着整洁、气质不凡的白领们,她在心里暗暗发誓:"这种日子不会久的,我要努力缩小与这些人的差距,绝不允许别人把我拦在任何门外,而且我要有能力去管理公司里的任何人。"

此后,她利用所有的闲暇时间充实自己。由于什么都要从头学起,她每天比别人多花6个小时用于工作和学习,很快她成为了一名业务代表。开始做销售时,她给自己定下了要比别人"领先半步"的目标,"不把自己累到极点,就觉得不够努力、对不住自己"。通过几年的认真学习和实践锻炼,她的工作能力越来越好,一次次为公司做出了辉煌的业绩,获得了公司领导的肯定。4年后，她成功胜任公司的副总经理。

没有人生来就拥有一切，也没有人不能够拥有一切。那些对成功怀有强烈的雄心、拥有使自己变得更好的渴望并勇于不断挑战自己的人，能够激发内在蕴藏的能力，从而比他人更容易获得成功。

老子说："知人者智，自知者明；胜人者有力，自胜者强。"一个人能了解别人是聪明人，但能够了解自己才是真正有智慧的人；能够战胜别人是有力量的勇士，但能够战胜自己才是真正的强者。

强大你的"向心力"，不断挑战自己，相信你一定会从"沙子"变成"珍珠"。即使变不成"珍珠"，你的生活也将不再灰暗，因为每天都有挑战、每天都有期待，这样的生活又怎能不是有活力、有希望的呢？

生活是七巧板，要靠我们自己去组装

梦想是什么？谈及梦想，相信大多数人会毫无表情地笑笑："梦想？我没有梦想！"也许，你还会嘲笑梦想不过是小孩子的狂妄，也许你还会无奈地说梦想终究只是一场办不到的空望。

假如你真这样想的话，那么你将时常感到没有精神、身心疲惫不堪，感觉生活就像一潭死水，无聊枯燥。这绝对不是危言耸听，因为梦想是一个人内心对人生、对自己的渴望，是心灵的绿地。一个没有梦想的人，心灵是枯萎甚至是荒芜的。

事实上，生活是七巧板，要靠我们自己去组装，想要什么图案要靠自己去想象，梦想必不可少。听从内心的呼唤，给自己编织一个梦想，情感和思想将变得坚定，你就能做有"向心力"的自己，如一只搏击长空的鹰，使每天的飞翔都达到新的高度。

金戈铁马、驰骋沙场，这是辛弃疾的梦想，于是我们看到了他“气吞万里如虎”的飒爽英姿；金榜题名、飞黄腾达，这是孟郊的梦想，于是我们看到了他“春风得意马蹄疾，一日看尽长安花”的风流倜傥。

梦想是沙漠中的绿洲，是黑夜中的灯光，是吹响生命的号角。诗人流沙河曾说过：“梦想是石，敲出星星之火；梦想是火，点燃熄灭的灯；梦想是灯，照亮夜行的路；梦想是路，引你走向黎明。”

所以，即使物质、金钱、家庭等繁多琐碎的事情占据了你大部分的时间，现实中遇到的大大小小的挫折和困难让你力不从心，请记住绝对！不要放弃你的梦想，而是要善待自己的梦想。

当然，梦想不是一件随随便便就能实现的事情，需要汗水和心血的浇灌，需要奋斗与拼搏，更需要一颗“悍马”般强大的心灵做支撑，相信自己能做到，用意念去坚守，这才算是真正的梦想家。

美国的玫·琳凯女士46岁时突然接到了降职通知，理由让她感觉很不舒服：只因为她是女性，于是，备受心理伤害的玫·琳凯树立了一个梦想——“我希望建立一家公司，梦想是让所有女性都能够获得她们所期望的成功，希望这扇门能够为那些愿意付出并有勇气实现梦想的女性带来无限的机会。”

1963年9月3日，玫·琳凯在这个梦想的支撑下，正式建立了玫·琳凯化妆品公司。当时，公司的资金只有5000美元，办公场地为一间46平方米的仓库，员工只是9名普通的家庭妇女，但玫·琳凯干得相当有劲儿，产品的调制、品质的控管……她不停地在公司忙来忙去，还要出去谈业务，一家企业一家企业地去谈，每天几乎要谈20家左右，在她的不懈努力下，公司第一年的销售额就达到19.8万美元，1996年达到130万美元。

如今玫·琳凯已成功地建立了一个自己的“商业王国”，分公司遍布在36个国家和地区，全球上百万女性因此受益，其成就可与任何一位成功的男性相媲美。而玫·琳凯女士的远见、勇气和永不放弃的信念都在继续为女性带来发挥才能、实现梦想的机会，而这一切都源自于她的梦想。

从建立一家公司的梦想到正式建立玫·琳凯化妆品公司，再到不停地在公司忙来忙去，人们一次次感受并体验着玫·琳凯内心的精神力量，这是一种生活的感悟、一种心灵的震撼、一种人生的境界。

有些人也拥有自己的梦想，但为何一辈子都没有实现梦想，生活也不能如愿呢？很大的原因在于他们热衷于谈论梦想，却习惯把它当做一句口头禅，或坚定不移或随波逐流，没有付诸实际的行动。

因此，你应该好好听听你内心的呼唤，是做默默无闻的平凡人，还是成为万众瞩目的成功者？记住，这之间的差异就在于你心中有没有梦想，内心力量是否强大、能否有勇气、有胆识为之付出汗水和心血、拼搏与奋斗。

马丁·路德金说："我有一个梦想"；切·格瓦拉说："让我们忠于梦想，让我们面对现实"；苏格拉底说："世界上最快乐的事，莫过于为梦想而奋斗……"忠于梦想的人是强大的，是值得我们敬佩的。

面对每天新一轮的太阳，我们都应该带着梦想上路。因为有梦想，我们更加注重内心的感受；因为有梦想，我们的步伐变得坚实有力；因为有梦想，我们的人生才格外充实丰满。

做“打工仔”，还是工作的主人

“我为公司干活，公司付给我薪酬，等价交换而已，凭什么我要多干？”“工作又不是为自己干，说得过去就行了……”现实生活中，许多人把自己定位于“打工仔”的身份和地位，认为自己只是在为企业、为老板、为上司干活，于是抱怨不停。

请警惕，这种心态是非常消极和不利的。从某种意义上来说，它限制和固化了人的思维，也弱化和扼杀了内心的力量，结果只会束缚自身的发展，使工作变成一种敷衍了事的苦役，如此极有可能断送自己的美好前程，一辈子永远是打工仔。

要知道，抱怨的最大受害者是你自己，所以，请不要抱怨你的工作。

“我为谁工作？”如果弄不清这个问题，就很难调整好自己的心态，也很难尽心尽力地工作。那么，你究竟为谁而工作呢？听从内心的呼唤，我们会发现答案不是任何人，我们都在为自己而工作。

任何事物都是上天赐予我们的礼物，有了这些礼物，我们的生命便拥有了一种愉悦的身心体验，工作便是其中最宝贵的馈赠，它解决了我们衣食住行等生存所需，让我们在不同程度上获得归属感、成就感和荣誉感，无疑壮大了我们的“向心力”。

约翰是一家企业的会计，他总是抱怨一辈子在别人手下做事很枯燥无趣，于是每天都过得浑浑噩噩，结果惨遭公司开除，于是心灰意冷的约翰离家出走了，他决定徒步爬到落基山，然后从落基山之巅坠崖自尽。

当约翰万念俱灰地攀上落基山顶峰时，遇到一个歇息的挑夫，挑夫是一个50多岁的老头，穿衣打扮很是朴素，他主动和约翰打招呼："年轻人，这山上有许多易燃树木，为了你的生命安全，请你不要抽烟。"

约翰心想，这个时候还有人关心自己真是太让人感动了，便和挑夫闲聊起来。挑夫笑着说，"你太幸运了，世界上游览过落基山的人连1%都没有。尽管我基本上每天都上山，但我从来没像你这样以一个游者的身份空身而上过。"

约翰看了看挑夫肩上沉重的货物，又见他满脸汗水却不乏笑意，显得何等的自在与快活，于是既同情又好奇地问道："难道你不觉得你的工作很辛苦，而且又无聊、无意义吗?为什么你不抱怨工作，却这么快乐呢?"

挑夫回答道："我为什么要抱怨工作呢?我不是为别人而工作，而是为我自己工作。我感谢我的工作，更感谢我肩上沉重的货物，是它们给我提供了自己以及家人生活的保障。我唯一能回报的，就是把工作做好。"

听了挑夫的话，约翰为之一震，他终于知道自己为什么觉得工作索然乏味、抱怨不停的原因了。工作是为自己而做，他感到内心滋生了一股莫名的力量，他真诚地谢过挑夫之后，便轻快地走下了山。

"事实上，工作不是一种惩罚，也不是人们经过思考后想干的事，工作是一份神圣的安排，是造物主用快乐和有意义的活动填补人类生命的一种方式。"美国作家比尔·海贝斯的这句话或许正是对工作最好的阐释。

你的工作态度决定了你的人生态度，你在工作中的表现决定了你在人生中的表现，你在工作中做出的成就决定了你在人生中的成就。你想做打工仔，就是打工仔；你想做主人翁，就是主人翁，关键在于你自己如何想、如何做。

听从内心的呼唤，记住你是在为自己工作，就没有什么可抱怨的。一个对工作有主人翁意识的人，会将自己与工作、企业绑在一起，以积极的心态面对工作，进而尽心尽力地做好工作，从而实现自身的发展和事业上的成功。

我们不妨来看看下面这样一个故事。

王军和表哥王凯同在一个货运公司当仓管员。王军能吃苦耐劳，不论工作日还是周末，不论刮风还是下雨，他每天都坚持提前半个小时上班，延迟一小时下班，做工作也非常认真负责，好像这公司是他自己开的一样。

一天半夜，一场暴风雨突然来临，王军惊醒后立即从床上爬起来，说要去看看仓库安不安全，王凯劝他说：“我们只是给老板打工的，你何必那么卖命？”“公司虽然不是我们的，但工作是我们的。”说完，王军穿上衣服，拿着手电筒冲进暴风雨中直奔仓库。他查看了一个又一个仓库的窗户，并加固了仓库门。

这时候老板也来了，看到了被雨淋透了的王军以及完好无损的货物，老板非常感动。王军没有豪言壮语，也没有惊天动地的行为，只是默默无闻、任劳任怨地继续做着自己的工作，几年后他成了这家公司的部门经理，表哥却依然做着仓管员。

怎样判断自己现在是不是工作的主人呢？你不妨试着回答以下几个问题。

1.你是否已经把工作当做一种乐趣？

2.你是否对自己的工作充满热情？

3.你是否能积极主动地解决问题？

4.工作时，你是否有很强的使命感？

如果你的答案全部为“是”，那么你是有“向心力”的人，你清楚你是在为自己工作，你不仅不抱怨还很享受工作，你必能成为事业上的成功者。如果你的答案中有“否”的回答，你需要转变自己的心态，从现在开始转变，为时不晚。

对于成功，你准备尽力而为，还是全力以赴

不少人热衷于追求成功，又认为只要自己尽力而为就可以了，没必要累死累活的。出现不理想的结果时，就会抱怨道："我已经尽力而为了呀！"相信这句话大多数人都曾说过，而且是许多人的口头禅。

殊不知，尽力而为是远远不够的，尽力而为只会打消我们的意志，消减我们的勇气，扼杀我们的进取之心，它是我们前行的最大羁绊，使我们一次次从成功的路口错过，而那些错过又何尝不是过错？

下面这个故事虽然短小却寓意很深。

一个猎人带猎狗去打猎，猎人一枪击中了兔子的后腿，受伤的兔子拼命奔跑，猎人示意猎狗去追，可是猎狗无论怎样拼命追赶都没有追上兔子，于是猎狗只好悻悻地回到了猎人身边，猎人生气地骂道："你真没用，连一只受伤的兔子也追不到！"

"可是我已经尽力了啊！"猎狗很委屈地说。

兔子回到洞里，兄弟们很惊讶地问："那只猎狗凶得不得了，你脚受伤了怎么还能跑得这么远？而且还能跑得过它呢？"

"它是尽力而为，我是竭尽全力呀！它没追上我，最多挨一顿骂，而我若不竭尽全力地跑，可就没命了呀！"兔子回答道。

通过后来兔子与同伴的对话，我们可以领悟到尽力而为和竭尽全力的结果截然不同。为什么会这样呢？这是因为每个人都有无限的潜力存在，但大多数人只发挥了不到10%，剩下的90%以上的潜力则被深藏起来，这正是尽力而为的结果。而全力以赴则能有效唤醒、激发起剩余的潜力，修炼出如

“悍马”般强大的内心力量，进而做成原本不可能的事情。

换句话说，任何人，不论他聪明才智的高低、成功背景的好坏，也不论他的愿望多么高不可攀，只要他能全力以赴，就能开发、控制自己的潜力，而它一定可以将他的希望和期待在生活中具体地实现出来。

在美国西雅图的一个教堂中，泰勒牧师告诉孩子们每个人都有极大的潜能，接着他向全班宣布：如果谁能将《圣经·马太福音》中第 5 至 7 章的内容全部背出来，就邀请他参加西雅图“太空针”高塔餐厅的免费聚餐会。

《圣经·马太福音》中第 5 章到第 7 章的全部内容有几万字，而且不押韵，要背诵其全文无疑有相当大的难度。尽管参加免费聚餐会是许多孩子梦寐以求的事情，但是几乎所有的孩子都浅尝辄止、望而却步了。

几天后，班中一个 11 岁的男孩胸有成竹地站在泰勒牧师的面前，从头到尾开始背诵《圣经·马太福音》第 5 至 7 章的内容，竟然一字不漏，没出一点儿差错，而且到了最后简直成了声情并茂的朗诵。

泰勒牧师在赞叹男孩那惊人记忆力的同时，十分惊讶地问男孩为什么能背下来，男孩不假思索地回答：“因为我竭尽全力。”16 年后，这个男孩成为世界著名软件公司的老板，他就是比尔·盖茨。

凡事仅仅做到尽力而为还远远不够，必须真正地做到全力以赴、竭尽全力才行。你或许会疲惫不堪，或许会伤痕累累，但这是逼着自己出类拔萃、逼着自己走向成功彼岸的“苦肉计”，这种付出是值得的，尤其是现在这个竞争激烈的年代，尽力而为更是远远不够的，那些仅仅满足于尽力而为的人，大多欠缺完成工作任务的勇气和决心，不能最大限度地发挥自身的潜力，自然做不好工作，最终被淘汰。

因此，你应该听从内心的呼唤，如果想做出一番大事业，就不要再以“我尽力了，结果不理想”的借口敷衍自己，而要时常扪心自问：我是做尽力而为的猎狗，还是全力以赴的兔子呢？成败仅仅在于这一念之间。

第2章

坚守清晰的人生目标，不活在他人的目光里

制订自己的人生目标，并朝着这个目标不断努力，不管他人的说三道四。

支配自己的内心，你无须迎合他人

如果留心观察身边的人，我们会发现有些人只专注于做自己的事情，精神饱满、意气风发；而有些人却习惯东瞅西看，整天忙忙碌碌却毫无成就、了无生趣。这本是智力相近的一群人，为何他们的生活却有天壤之别？

这是因为，后者不清楚自己的人生目标，不知道自己想要到达的地方，又太在乎他人的眼光，一味地迎合别人，东一榔头，西一棒子，结果像一个个离群的孤雁，像迷途的羔羊，只能在迷茫、焦躁、苦闷中煎熬着。

美国著名心理学家马斯洛认为，每个人都有归属和自尊的需要，即每个人都希望能得到别人的认可，希望别人给予自己肯定和积极的评价，这本无可厚非，但如果为此费尽心机、小心翼翼地行事，则很容易搅乱自己的心智，失去原有的目标和方向。更何况，每个人的主观感受不同，即使我们千般小心、万般在意，也照样无法赢得所有人的欣赏。

人生就像一场戏，你应在乎的不是观众，而是你自己所扮演的角色。既然如此，我们无须太在意别人的眼光，只需确定内心真正的追求，活出自己真实的样子，内心淡然镇定，这种心理力量是非常强大的。

玛莎夫人从小就是个怕羞的人，她的妈妈很守旧地认为女孩子不需要穿多么漂亮的衣服，只要穿着觉得宽松舒适就可以了，就是自然美。所以，玛莎夫人一直穿着朴素，很少与同龄人一起相处，也很少参加聚会，她常常觉得自己不受人欢迎。

后来，玛莎夫人嫁给了一个比自己年长几岁的男人。婆家是个和蔼而自信的家庭，他们总是喜欢唱歌、跳舞，一副热情开朗的样子。玛莎夫人担心大家不喜欢自己，因此她开始努力地改变自己，希望能和大家一样。

但是，玛莎夫人不擅长于此，她表现得太活跃，显得有些虚伪和做作，她认定自己是个失败者，感到无比沮丧，变得喜怒无常，甚至想到了自杀。但是，玛莎夫人没有自杀，她反倒真的像变了一个人。这一切都源于她与婆婆一次偶然间的谈话。当婆婆谈到自己活得开心快乐、受人欢迎的经历时，对玛莎夫人说道："无论别人喜欢什么样子的人，我都坚持做我自己。"

"坚持做自己"，终于，玛莎夫人从困境中醒悟过来，原来自己一直都在一味地迎合别人，充当一个不大适应自己的角色。于是，她决定自由地支配自己的内心，再也不去迎合别人。为此，她开始寻找自己的个性、观察自己的特征，她挑选适合自己的服饰，并试着参加一些小组活动，并发挥自己温柔善良的天性。

渐渐地，玛莎夫人的身上终于发生了变化，她感到快乐多了，越来越多的人开始喜欢她，这是她以前做梦也想不到的。此后，她还把这个经验告诉了自己的孩子们：无须别人替自己做主，更不用去迎合别人，你们要坚持做自己。

身体是自己的，生命是自己的，灵魂是自己的，人生也是自己的。别人的目光纵有千千万，也比不上对自我心灵的诚实。不必太在乎别人的眼光，活出自己真实的样子，才是泰然自若中的华彩。

事实上，在我们周围，能够真正关注你的就那么寥寥几个。有一句话说："20岁时，我们顾虑别人对我们的想法。40岁时，我们不理会别人对我们的想法。60岁时，我们发现别人根本就没有想到我们。"

比如，你在路上不小心摔了一跤，惹得路人哈哈大笑，你当时一定很尴尬，认为全天下的人都在看着你，但如果站在别人的角度考虑一下，你就会发现，他们都有自己的事情要做，这件事只是他们生活中的一个小插曲，甚至有时连插曲都算不上，他们顶多哈哈一笑，然后就把这件事忘记了。

坚守清晰的人生目标，不活在别人的眼光里，不必一味迎合别人，自己决定自己的生活，唯有这样，才能让心灵发出更为笃定的力量，踏踏实实走好每一步，因而永远不会迷失自己，演绎出自己的别样人生。

摒弃从众的心理，坚守自己的信念

现实生活中，你是否有过从众的行为？回想一下，当你走到一个地方，看到路人逐渐停下脚步，仰起头看天空，你是不是也会加入到这个群体中，也抬头看天空？尽管你并不知道他们在看什么。

从众是一种跟随大流、顺应大众趋势的心理。具有从众心理的人认为很多人如此必然是正确的，所以我也应该如此。通俗地讲，就是大家都这么认为，我也就这么认为；大家都这么做，我也就跟着这么做。

生活中不少人总是习惯性地从众，小到追求流行时尚，大到信仰和理想，这往往能使我们感受到一种心理上的认同感和归属感，其实质却是内心不够强大，不敢相信自己的判断，或不能作出自己的判断。

有这样一则幽默故事。

一个石油大亨因为生前行善积德，死后上了天堂。他走到天堂的门口时，守门人圣吉·彼得拦住了他："对不起，我知道您在世时行为端正，做了很多善事，但是天堂已经住满了石油的业主，没办法再安排你了。"

石油大亨灵机一动，大喊一声："喂！地狱里发现石油了！"

这一喊不要紧，天堂里的石油业主们蜂拥而出，唯恐迟了一步，天堂一下空寂了下来……这时，圣吉·彼得说："现在你可以进天堂了。"不料石油大亨却说："不，我想去地狱，说不定这个消息是真的呢！"

这虽然是笑话，却把人们盲目从众的心理描绘得淋漓尽致。

由此可见，不能坚守自己内心所想，过分关注别人的说法，人云亦云、随波逐流，结果只会束缚自己的思维，扼杀了自身的锐气，抑制了个性的发展，变得无主见和墨守成规，进而做出错误的判断和行为。

做人不必关注别人的说法和看法，而要有自己独立的见解和观点。“不管时代的潮流和社会的风尚怎样，人总是可以凭着自己高贵的品质超脱时代和社会，走自己正确的道路。”爱因斯坦的忠告，每个字都是很有份量的。

拥有自己的见解和观点，坚守自己的人生目标，会使我们的内心产生一种不可撼动的信念与力量。一个人有了这种感觉，遇事才不会左右顾盼、畏首畏尾，才有可能让自己出类拔萃、引导潮流。

沃伦·巴菲特是美国有史以来最伟大的投资家，他倡导的价值投资理论风靡世界，他还被美国人称为“除了父亲之外最值得尊敬的男人”。不过，鲜为人知的是巴菲特也遭遇过失败，原因则是不够相信自己、盲目从众。

沃伦·巴菲特的父亲是奥马哈城的一个小商贩，耳濡目染，巴菲特从小就很有经商头脑，11岁时他说服了自己的姐姐共同投资，购买了平生第一支股票——他以每股38美元的价格购买了城市服务公司的3支股票。

但没过多久，股价迅速跌到了27美元，姐姐每天都指责巴菲特，巴菲特不停地解释要等三四年才能挣钱。后来当股价回升至40美元时，巴菲特见很多人将手中的股票一起抛掉了也照做了，但很快股价一路飙升至200美元。

这件事情令巴菲特心痛不已，他总结出的第一条投资经验是：依照自己的意愿来实施投资策略，不要被人们的言论所左右，因为当你对某件事情非常坚信时，他人的建议只能让你感到困惑，过多地顾及别人的建议无异于浪费时间。

在巴菲特的职业生涯里，他一直铭记第一条投资经验，不管别人说得多么诱人，他都能置若罔闻，不会盲目地跟随市场牛熊追涨杀跌。1957年，巴菲特掌管的资金达到30万美元，到年末时很快升至50万美元，1962年升至720万美元，1964年升至2200万美元，1967年升至6500万美元……

在巴菲特获取成功的过程中，我们可以看出他之所以能够获得实实在在的利益，取得最大程度上的成功，与他具备分辨是非和自我决断的能力以及60年如一日地相信自己、坚守自己的主见分不开。

试想，倘若巴菲特没有“悍马”般强大的内心力量，抛弃自己的价值判断原则，盲目地跟随市场牛熊追涨杀跌，他能不亏钱吗?他又怎么能够成为世界级投资大师呢?我们也就听不到他的名字了。

人最难对付的就是自己，最强大的也是自己的内心。

站在人生十字路口上，记住只要是自己计划好的，只要是自己觉得对的，不管别人是否肯定，不管别人是否赞同，不管别人是否认可，让心中的杂音寂静，义无反顾地去做，你会听见成功在不远处召唤你。

坚持走自己的路，不要在乎别人的看法

在实际生活中，我们很多人总是太在乎别人的看法，尤其是当别人说自己不好的时候，他们便真的认为自己一无是处、无所适从，从而使自己的行动完全取决于别人的看法，使别人的评价成为一种强大的支配力量。

事实上，别人的评价只能代表个人的看法，并不是真理，神圣不可改变，重要的是你对自己的态度和评价，你知道自己是对的，就要经受得起冷言冷语以及怀疑的眼光，坚持做自己应该做的事情。

我们此生不一定要干大事、成大业，但一定要知道自己活着的意义，一

定要对自己所走的路保持清醒的头脑，坚守清晰的人生目标。对于他人的言论，我们可以用耳朵去听，但绝不可以用心去徘徊。

除了不在乎别人的言论，视若不见、充耳不闻之外，嫣然一笑也是不错的方法。文学大师拜伦就曾说过这样一句话："爱我的，我抱以叹息；恨我的，我置之一笑。"他的这一"笑"，真是洒脱极了、有味极了。

现实生活中，只要你有所建树，光彩照人，就难免遭到无端的指责、处心积虑的攻击或蓄谋已久的凌辱。从这一角度看，当你遭到诽谤、诋毁、中伤时，反倒应该觉得庆幸，这通常意味着你已经获得成功，并且为他人所注意。正因为你极具重要性，别人才会去议论、关注，甚至污蔑你。此时，如果你针锋相对，很可能会陷入别人设计的圈套中难以自拔，而耽误本该做的正事、要事。

事实胜于雄辩，真正有效、有意义的辩解是别往心里去，嫣然一笑，坚持走自己的路，使别人的言论左右不了你、伤害不到你、拖不垮你、拉不倒你、挡不住你，如此你就能一步步实现自己的人生目标，当他人望尘莫及时，只能欣赏你。

由于工作出色，胡玫进入公司不到3年就被领导提拔了，她从一个普通会计晋升为财会组长。遇到这样的好事情，胡玫心里自然是美滋滋的，上下班路上都哼着小曲，但是很快这种好心情就被破坏了。

有一个同事心里不平衡，觉得自己是老员工，凭什么这么好的机会让资历尚浅的胡玫"捡"了？于是，对胡玫的态度尖刻了起来，说话很不客气，有时还带着"刺"："有些人爬得真快，也不想想是谁在给她垫着背"、"人家年轻人长得好看，悄悄抛一个媚眼，自然就能得宠……"

听到这些话，胡玫自然明白对方所指，但她是一个很理智的人，办公室就几个人，她也不想把关系搞得很僵，毕竟还要与对方来往，而且自己的目标不止是财会组长，而是财务主管，还需要多方面的发展和进步。于是，每当那位同事再对自己风言风语时，胡玫都是大人不计小人过，嫣然一笑，一如既往地努力工作。

就这样，胡玫顶着被否定的心理压力，不断地提高自己、完善自己，工作成绩越来越好，又一次次得到了领导的表扬，并最终被提拔为财会主管。此时，这位同事也觉得胡玫的工作能力的确不错，便不好意思再说什么了。

一点儿也不在乎别人的议论，就像街上的流浪汉一样从不在乎别人的眼光。你具有这种内心自我平衡的力量吗？如果拥有，你不但能轻而易举地解决问题，而且还能心无旁骛地朝着自己的人生目标前进。

美国前总统克林顿在白宫的一次谈话中说："如果要我读一遍针对我的指责，然后逐一作出相应的辩解，那我还不如辞职呢。我只要做好自己该做的事，如果证明我是对的，那么无论人家怎么说我都是无关紧要的。只要我不对任何诬陷、诽谤做出反应，这件事就只会到此为止，一切责难都毫无意义。"

"益则收，害则弃。"我们纵然欢迎别人指点迷津，善于听取他人的意见，但是如果自己走的是正确的路，那么就不要疑惑，不要让心随着这些不负责任的言论而起伏跳跃，坚信自己的目标，勇敢地走自己的路，让别人去说吧。

揭开权威的“面纱”，不被其迷惑

在《现代汉语词典》中，权威即“使人信服的力量和威望”，或是“在某种范围里最有威望、地位的人或事物”。我们总是习惯相信权威人士，认为他们的判断准确无误、见解深入全面、观点不容置疑。

在日常工作和生活中，我们常常会遇到这样一种情景：两个人争论某个问题时，如果一方添加一些权威成分，则很容易“驳”得对方哑口无言，赞同自己的观点。可见权威对人们的影响力之大、操纵力之巨。

对于权威，我们固然需要持一种尊重态度，但是绝对不能一味地相信权威，甚至近乎盲目，否则内心就会不自觉地被所谓的权威所操纵、所束缚，力量大打折扣，致使自己丧失独立思考的能力，丧失获取成功的勇气。

一位名叫福尔顿的物理学家运用一种新的测量方法，测量出固体氦的热传导度，结果却比传统理论计算的数字高出500倍。福尔顿感到这个差距太大了，如果将它公之于众势必会招来许多人的怀疑、非议和指责，想来想去，他迟疑了，便把这一研究成果放在了一边。

没过多久，美国的一位年轻科学家在实验过程中也测出了固体氦的热传导度，测出的结果同福尔顿测出的一模一样、丝毫不差。和福尔顿的态度截然相反，这位年轻的科学家很快将自己的测量结果公之于世，并马上引起了科学界的广泛关注和赞誉。

听说此事后，福尔顿痛心疾首，他以追悔莫及的心情写道：“如果当时我摘掉名为‘习惯’的帽子，那个年轻人就绝不可能抢走我的荣誉。”福尔顿的所谓“习惯的帽子”即对“权威”的畏惧。

对于福尔顿来说,这显然是一个悲剧。这个悲剧的发生在于福尔顿因为内心不够坚强而被权威所操纵。而那位美国年轻科学家的成功恰恰是因为内心强大,坚守自己,所以能够不被权威左右,独立思考。

人非圣贤,孰能无过,即使是权威,在认识的领域总还有未知的地方,在理解的层次上也难免会有误差。权威并非真理,人类发展到现今阶段,在几千年的历史中,太多的错误被揭露,太多的谬论被指正。

因此,在权威面前,我们一定要学会塑造一个强大的内心,坚持自己的立场观点,绝对不能一味地相信权威,被其迷惑,要敢于揭开权威的"面纱"、敢于怀疑权威的错误,更要敢于挑战权威。

卓越者往往曲高和寡,平庸者往往附和者众。在挑战权威的过程中,要忍受不被人理解的困扰和庸碌者无知的嘲笑,就像凤凰必须在烈焰中重生一样,要经历残酷的身心考验。这就需要我们在开始时制订自己的人生目标,坚守内心所追求的东西,更需要有足够的智慧、魄力和勇气。

古罗马名望极高的"神医"盖仑认为血液在人体内像潮水一样流动之后,便消失在人体四周。1000 多年里,人们都把这种血液理论奉为真理,所有怀疑者都付出了惊人的代价。到了 17 世纪初,英国科学家、医生哈维提出质疑:"血液流到人体四周就消失了?怎么会消失呢?"他决心揭开人体血液循环的神秘面纱。

通过大量的解剖实验,哈维终于得出了结论:血液由心脏这个"泵"压出来,从动脉血管流出去,流向身体各处,然后再从静脉血管中流回去,回到心脏,这样便完成了血液循环。在其著作《心血运动论》中,哈维提供了大量的证据,其中包括对人的临床观察、尸体解剖、许多种类动物的解剖与观察,而且利用定量思想、逻辑分析和生理测试,从各个方面证实了这一理论。在今天看来,哈维的理论是医学史上的巨大成功,但在当时他的理论有悖于权威,所以,书一出版就遭到当时学术界、医学界、宗教界权威人士的攻击,说其是一派胡言，荒谬而不可信。

然而，哈维并没有被众多的质疑声和批评声吓倒，为了让人们接受自己的观点，他请了一些实验者反复地进行实验，他把那些人手臂上的大静脉血管用绷带扎紧，靠近心脏的一段血管瘪下去，而另一端鼓了起来。他又扎住了动脉血管，远离心脏的那一端动脉不再跳动，而另一端很快鼓了起来，依此说明血液的循环。

事实胜于雄辩，哈维以自己的行动冲破了禁锢、挑战了权威。哈维如是告诫人们："无论是教解剖学或学解剖学的都应当以实验为依据，而不应当以书籍为依据；都应当以自然为老师，而不应当以哲学为老师。"

不管什么人，不管做什么事情，都要讲求一种实事求是而不能将权威强加于自己的意志。将事实置于人前，坚持自己的想法，不活在别人的眼光中，这是最值得提倡的，也是最重要的。

一些理论在今天是权威，不代表永远是权威，今天正确不代表明天还是真理。为了防止那些过时的、没落的权威成为我们精神上的桎梏，阻碍我们内在力量的勃发，我们一定要时刻坚信自己的信念，敢于挑战所谓的权威。

坚持不懈，将自己打磨成"金子"

每个人都渴望成功，然而在通往成功的路上，挫折、困难、失败是在所难免的，此时最明智的选择就是坚守清晰的人生目标，不被眼前的困境所蒙蔽，不管别人的说三道四，告诉自己："坚持！再坚持！决不能放弃！"

人可以成全自己，也可以打败自己。如果你没有足够强大的内心力量，不能坚守自己的人生目标，而是活在别人的眼光里，被眼前的困境所蒙蔽，动摇了、退缩了，没有坚持下去，那么你真的会倒下去而起不来了。

成功不是一件很容易的事情，坚持是解决一切困难的钥匙，即使只有万分之一的希望仍要坚持。那些成功者之所以成功，关键就在于他们懂得坚持。这正如法国的巴斯德曾所说："告诉你使我达到目标的奥秘吧，我唯一的力量就是坚持精神。"

也许你会说："我一直都想成功，也试过了很多次，但一直都没有好的结果。"很多次是多少次？上百次、几十次，还是只有几次？实现人生目标的道路太艰难，路途太坎坷。而坚持意味着不懈地坚持下去。

坚持说起来很轻松，但真正做起来却很难，需要强大的内心做支撑，并为此做漫长的准备。就像房屋是由一砖一瓦堆砌成的，乒乓球比赛的胜利是由一次次的得分累积而成的一样，只有坚持、再坚持，才能实现你的人生目标。

苏格拉底是古希腊著名哲学家，有不少学生曾经拜师于他。一天，苏格拉底给他的学生出了一道考题：每天甩臂300下，大家能做到吗？学生们全都爽快地答应了，因为他们觉得这么简单的事任何人都能做到。

一个月后，苏格拉底问他的学生："每天甩臂300下，哪些同学做到了？"有90%以上的学生骄傲地把手举了起来。

两个月后，当苏格拉底再次提及这个问题时，举手的学生减少到了80%。

一年以后，当苏格拉底再次问道"请你们告诉我，最简单的甩臂运动，还有哪些同学坚持每天做"时，结果只有一个学生孤零零地把手举了起来，这个学生叫柏拉图，他后来成了古希腊又一位伟大的哲学家。

就算是精美的金子，也不是生来就闪耀，也有被埋藏于旷野、被淹没于泥沙的时候。唯有坚持自己的信念、坚持不懈地打磨和历练，才有可能有一天发出炫目耀眼的光芒。

事实上，那些功业彪炳千秋的伟人在受到别人无数次的否定和质疑时，丝毫不会舍弃自己的人生目标，他们有更强的意志力和更久的坚持力，并朝着自己的目标不断努力，因此最终都取得了成功。

有这样一位年轻的美国人，他的父亲是一个赌徒，母亲是一个酒鬼。他认为这样的生活没有意义，于是下定决心要走一条与父母迥然不同的路，活出个人样来。做什么呢？他想到了当演员，当演员不需要文凭，更不需要本钱，而且他认为这是自己今生今世唯一能出头的机会。

于是，年轻人来到了好莱坞，找明星、找导演、找制片人……向一切可能使他成为演员的人请求，但他一次又一次被拒绝了，有人说他长相不够英俊，有人嫌弃他没有接受过任何专业的表演训练……总之，人们说他不具备做演员的条件。一晃两年过去了，他穷困潦倒极了，身上全部的钱加起来都不够买一件像样的西服。

“我真的不能当演员吗？不！”年轻人没有因为别人的否定而气馁，“既然不能顺利地当演员，能否换一个方法？”他想出了一个“迂回前进”的方法：写剧本，待剧本被导演看中后，再要求当演员。当时好莱坞共有500家电影公司，他带着自己的剧本去拜访所有公司。3轮的拜访、1500次的拒绝可以耗费一个普通年轻人所有的热情与激情。但是，这位年轻人显然不是普通人，他决定开始第4轮的拜访。奇迹终于出现了，一个曾经多次拒绝过他的导演感动了，同意投资开拍他的剧本，并给了他一个扮演男主角的机会。为了这一刻的到来，年轻人已经做了充足的准备，最终他成功了，这部电影就是之后红遍全世界的《洛奇》，而这位年轻人即席维·史泰龙。

席维·史泰龙之所以能成为众人所知的巨星，不正是因为他坚守自己的人生目标，不活在别人的眼光中吗？当他一次又一次地被导演否定时，他没有因此而放弃成为演员的人生目标，而是耐心地开始下一次拜访，坚持、再坚持。

人生不可能永远一帆风顺，当面对挫折与困境，我们要强大自己的内心，坚定地朝着目标迈进，我们就能够保持一份潇洒的淡然、一种自信的从容，从而从容不迫地"运筹帷幄之中，决胜于千里之外"，开启新的奇迹。

"骐骥一跃，不能十步；驽马十驾，功在不舍。"如果你现在还没有有所成就，不妨时刻问一下自己："我坚持了吗？"提醒自己坚持不懈地去努力，并且坚持到底。坚持、坚持、再坚持，相信是金子总会发光的。

每临荣辱有静气，宠亦坦然，辱亦坦然

我们都是凡夫俗子，难免会在乎别人对自己的态度，活在别人的眼光中，因得宠于某人而洋洋得意、骄傲自满，因受辱于某人而自怨自艾、自暴自弃，甚或由此做出种种极端的举动，偏离了自己的人生目标。

然而，有褒有贬、有毁有誉、有荣有辱，这是人生的寻常际遇，不足为奇。若因别人的说三道四而喜怒无常、患得患失，其目光是否太短浅了些？胸怀是否太狭窄了些？内心是否太软弱了些？

明代的洪应祖在《菜根谭》中有一则流传甚广的联语"宠辱不惊，闲看庭前花开花落；去留无意，漫随天外云卷云舒"。无疑，这是一种大智大慧、大觉大悟的心境，显示了他不与他人一般见识的博大情怀。

宠辱不惊的成语，来源于唐代一则真实的故事。

唐太宗时期，吏部尚书卢承庆负责考评朝廷和地方官员，给各级官员评定等级，他的一段评语足以影响官员们的升迁和降免，可谓一言九鼎。所以，每逢年终考核时，那些官员们都非常紧张。

有一个运粮官员在运粮过程中翻了船，使不少粮食掉进了河里。因此，

卢承庆只给他定了一个“中下”，他认为“你把船都弄翻了，国家的粮食丢失了那么多，所以只能给你中下这么一个评价。”

那位官员得知自己得到中下的评语后，既没提出反对意见，也没有任何疑惧的表情，反而谈笑自若，该怎么着就怎么着。卢承庆见状，很欣赏他这种不为外事所扰的姿态，又想：“粮船沉没不是他个人的责任，也不是他个人力量所能挽救的。”因此改评价为“中中”等级。

此时，这个运粮官依然没有发表意见，既不说一句虚伪的感谢话，也没有丝毫感动的神色。卢承庆见此，非常赞赏：“好，宠辱不惊，难得！难得！”当即又把他的评语改为“中上”等级，这个运粮官还是没有因此而特别高兴，卢承庆心想这个人真绝，实在令人钦佩，以后便很注重提拔他。

考评官员是大事，而卢承庆三改评语似乎有失庄重，但仔细思索之后又不能不佩服卢承庆的眼光和魄力。这个运粮官能置别人的评价于度外，“宠辱不惊，去留无意”，心无旁骛地干自己的工作，这等智慧和胆略实属难能可贵。

“宠辱不惊，去留无意”说起来容易，然而做起来却十分困难。这需要一颗强大的内心做支撑，每临荣辱有静气，内心坚定不动摇，保持心平气和、淡泊自适的心态，进而宠亦坦然、辱亦坦然、豁达大度、一笑置之。

古往今来，万千事实证明，那些内心强大的人没有一个不具有“宠辱不惊”这种品格的，他们不会把别人的态度太当一回事儿，能在宠辱面前不表露出任何波动，他们的修养可谓到了超凡脱俗的地步。

19世纪中期，美国实业家菲尔德率领他的船员和工程师们用海底电缆把“欧美两个大陆联结起来”，菲尔德因此被誉为“两个世界的统一者”，一举而成为美国最光荣、最受尊敬的英雄，他没有洋洋得意，而是淡然处之。

谁知一段时间后，海底电缆技术发生了故障，刚接通的电缆传送信号中断，极大地影响了人们的生活和工作。顷刻之间，人们的赞辞颂语变成愤怒的波涛，纷纷指责菲尔德是“骗子”、“失败者”。

面对如此悬殊的宠辱逆差，菲尔德心平气和、泰然自若，他没有理会那些恶劣的批评者，而是一如既往地进行着研究工作、坚持着自己的事业。经过6年的努力，海底电缆最终成功地架起了欧美大陆的信息之桥。

这下，菲尔德又成为了历史英雄人物。当人们再次向他祝贺时，并邀请他作一番演讲时，他却婉言拒绝了：“我没有什么要说的，我只想做好自己的事情，不管外界说我是‘英雄’还是‘骗子’、‘失败者’。”

不因别人的歌颂而洋洋得意，也不因别人的指责而自暴自弃，一往无前地做自己的事情，毋庸置疑，菲尔德有着一颗“悍马”般强大的内心，这种“宠辱不惊”的思想境界实在是人生的大风范、大水准、大境界。

认清楚自己所要走的路，不要过分在意得失，不要过分在乎别人对你的看法，宠也自然，辱也自然。做自己喜欢做的事，照自己的路去走，只要自己努力过，只要自己曾经奋斗过，外界的评说又算得了什么呢?

总之，无论你的追求和目标是什么，若能做到每临荣辱有静气，不把别人的态度太当一回事儿，达到宠辱不惊的思想境界，那么，你的精神天地就能开阔浩渺、生机勃发，你就可心无旁骛地求得所愿。

第3章

坦然接受自己的缺陷，和不完美的“我”握手言欢

真正内心强大的人，会坦然接受自己的不完美，并将之转化为成功的动力。

与“残缺”的自己和平共处

“金无足赤，人无完人。”生活中你是否会因为自己不够漂亮而自卑于人?你是否为自己的身材不够健美而气愤不已?面对自己的缺陷,不少人会自怨自怜,甚至想方设法地遮掩,害怕别人笑话自己。

其实缺陷既无法抗拒,又难以遮掩,这样做反而会使人感觉虚伪、不真实,尤其可怕的是当我们对自己表现出否定和抗拒时,热情与欲望就会被无情地压制了,如此内心的力量就很难被激发出来。

所以,我们要学会坦然接受自己的缺陷,和不完美的自己握手言欢,如此才能平复心海浊浪,淡化心中的烦恼。这样一来,有所作为的心灵才能真正开始行动,有价值的人生内容也就从此展开了。

要知道,上帝非常吝啬,也非常公平,他绝不肯把所有的好处都给一个人。不是有一句话这样说:“每个人都是上帝咬过的苹果。”每个人,你、我、他!这样的比喻是何等的新奇而幽默,又是这般的豁达乐观,它来自一个盲人的故事。

一个人自来到这个世界时就双目失明，他从小便为自己的这一缺陷而自卑不已,认定这是老天在惩罚他。他不敢见人,整天将自己关在家里,浑浑噩噩地虚度人生。可是,因为一次偶然的机会,他的这一思想竟然得到了彻底改变。

原来,这位盲人遇到了一位智者,智者对他说了这样一番话:“缺陷无须掩饰,要知道世上每个人都是被上帝咬过的苹果,我们都是有缺陷的人,有的人缺陷比较大,是因为上帝特别喜欢他的芬芳,多咬了一些。”

听了智者的话，盲人犹如醍醐灌顶，他的心情顿时开朗起来，从此，他不再自卑于失明，而将这看做上帝对自己特别的厚爱，开始振作起来，并且主动出门学艺。若干年后，他成为了德艺兼备、远近闻名的推拿师。

没有什么比自己更重要，无论是什么样的自己，带着什么样的缺陷，都是最宝贵的自己。当你与现实中的残酷相遇，当你的缺陷与这个世界不相匹配，能够保护你的只有你内心的自我。

有一句话是：“我从不曾崩溃瓦解，因为我从不曾完美无缺。”记住，缺陷既然已经属于你，就没有人能帮你弥补。只有真实地面对它，学会与这个“残缺”的自己和平共处，这才是人生的价值所在。

退一步讲，以豁达乐观的心态来面对，缺陷也不失为人生的另一种完美。就像世界名作维纳斯正是因为断臂才产生了震撼人心的力量，留住了卓绝于世的美丽，成就了独一无二的经典，至今流芳万代。

有这样一个真实的故事。

1976年，乙武洋匡出生在日本东京。从他降生的那一刻起，上帝就跟他开了一个最残酷的玩笑，他被医生判定为“先天性四肢截断症”，换句话说就是他没有双手，也没有双脚。乐观善良的父母从不认为乙武洋匡是残障者，不但不刻意帮助他做任何事，还将他送进普通的学校。

受父母的影响，乙武洋匡自信又独立。别人眼中的他也许可怜又可悲，但乙武洋匡认为，人生不会因为有手有脚就变得完美，也不会因为身体的残障就注定不完美。既然上天给了自己这么独特的身体，这个身体就是自己的特征，也是自己的长处。“世界上既然有残疾者做不到的事情，也必然有唯有残疾者才能做到的事情。上天是为了让我完这个使命，才赐给我这样的身体。”如果不发挥这个长处，那岂不是太浪费了？

之后，乙武洋匡以乐观当双手，以自信当双脚，走上了写作的文学之路。1998年，他出版了自传《五体不满足》，“一个人没有手、没有脚，不是什么可奇怪的事。只要把残疾当成自己身体的特征,你还有什么可苦恼的呢?"通过该书,乙武洋匡用自己的存在深切表达了对生命的礼赞与敬意。短短7个月,该书的销量就达到了420万册,成为日本第一畅销书,使乙武洋匡一举成名。

由此可见,身体存在缺陷并不重要,重要的是你敢于接受并正确面对。不遮遮掩掩,积极乐观地去面对,并且坚信自己的世界很美丽,缺陷就不会成为扼杀自己内心力量的"杀手",还会成为强大内心的动力。

事实上,历史上有太多的天才俊杰都"被上帝咬过一口":失明的文学家弥尔顿、失聪的大音乐家贝多芬、不会说话的天才小提琴演奏家帕格尼尼……他们都是内心强大的人,善于和不完美的自己握手言和,最终打造出了美丽的新世界。

我们每个人都是不完美的,"世上每个人都是被上帝咬过的苹果",上帝特别爱你,所以狠狠地"咬了你一大口"。当你还纠结于自己身上的某个缺陷时,不妨想想这句话,心中必然会豁然开朗、滋生力量。

打开心灵枷锁,"晒晒"你的弱点

置身于纷杂喧嚣、充满诱惑的现代生活中,我们的内心难免会有一些不光彩的想法,我们将其称之为人性的弱点,如欲望、抱怨、私心、忌妒等。其实,有弱点并不可怕,因为弱点可以使你成功,也可以使你失败,就看你怎么看待它、怎么对待它。

有这样一句话说得很在理:"我们经常把内心遮得严严实实,把外表包装得漂漂亮亮,苦心经营着算计,用心说着言不由衷的话语,醉心营造自己灵魂的城堡。然而，每每夜深人静之际，我们需要用良知来拷问灵魂。”

遗憾的是，有些人不愿或不敢敞开自己的心灵，把内心遮得严严实实，不敢承认和面对自己的弱点，如此弱点就很有可能变成捆绑心灵的枷锁，扰乱人的行为，做出一些可笑、可叹、可悲甚至可恨的事情来。

在这个世界上，掩耳盗铃、自欺欺人，最后弄巧成拙的人还少吗？有很多历史人物正是因为忽视或无视自身的弱点，结果要么成为“千古一叹”，要么身背“千古骂名”。比如，刚愎自用、狂妄自大，最终四面楚歌、自刎于乌江的西楚霸王项羽；懒惰懈怠、不求精进、乐不思蜀的蜀汉后主刘禅。

鲁迅小说的一个显著特点就是直接将人性的弱点淋漓尽致地表现了出来，他笔下国民的“懦弱麻木”的形象早已为世人所熟知，无论是追求功名、意志软弱的酸腐“秀才”孔乙己，还是很爱面子、欺软怕硬、喜欢活在自怜情绪中安慰自己的阿Q，每一个人物都是没有自知之明的代表。

然而，一些人为什么不能正视和承认自己的弱点呢？原因是他们内心的力量不够强大。

一个内心弱小的人，把人性的弱点看成一个千载难逢的借口，总是竭力利用它来偷懒、求恕、懦弱；而在一个内心强大的人不需要任何掩饰，而是主动“晒”出自己的弱点，和自己不完美的一面握手言和。

需要指出的是，很多时候，主动“晒”出自己的弱点，比逃避或遮掩要积极得多、有用得多。利用得恰到好处，不断将弱点转化为力量，反而能够使之成为我们的强项，干出一番不平凡的事业来。

一个奥地利男孩自幼十分崇拜、敬畏自己的父亲，但同时由于父亲的粗暴、专制与严厉呵斥，使他一生都笼罩在父亲的阴影里。再加上生活穷困、懦弱无能、敏感又焦虑成为他不可克服的人性弱点，他对此既难过又无奈。幸好男孩意识到了自己的弱点，他想缓和自己同世界的关系，“如果我能平息我心中的冲突，我相信自己就很幸福了。”

后来，男孩选择了文学，他用写作的方式进行着灵魂的自我交谈，拓展着自我的精神世界，他手下的主人公们都是以一个“儿子”的身份存在着，并且具有儿子的生活形态和心理状态，他将自己孤独、寂寞与自惭形秽的情绪淋漓尽致地赋予在主人公身上，作为一种逃脱的尝试，他依靠写作度过了无数个茫茫黑夜，后来终于成为了著名的小说家，他就是“现代主义文学之父”弗兰兹·卡夫卡。

懦弱无能、敏感又焦虑的个性，曾经摧毁过很多人的人生，而弗兰兹·卡夫卡在这些弱点面前没有表现出一般人固有的绝望情绪，而是正视自己，深度解剖自己，结果把弱点变成自己的优势，从而登上成功的宝座。

很多时候，面对弱点我们往往“当局者迷”，自己不容易意识到。这就像一个人没有镜子就看不到自己衣着不合适一样。这时如果我们能找到一个参照物，便能一目了然，正所谓“旁观者清”。

宋朝大文豪家苏东坡为人豪爽大度，开创了词的“豪放派”，其诗词空灵、凝重，艺术境界非常高。然而，就是这样一个优秀的文士却也有着人性的弱点：爱炫耀、虚荣，又易怒，而他自己根本却没有意识到。

在苏东坡江北瓜洲任职时，和江南金山寺的住持佛印禅师经常参禅论道。一段时间后，苏东坡觉得自己大有进步，为了显示一下自己的禅修境界，他提笔赋诗一首，派遣书童送给佛印禅师，诗的最后一句是：“八风吹不动，端坐紫金台。”

佛印禅师看后笑而不语，提笔在诗上批了两个字：“放屁。”叫人送还回去。

苏东坡本以为自己的诗会得到佛印禅师的赞赏，没想到佛印禅师竟然羞辱自己，他大发雷霆，随即乘舟过江，准备找佛印禅师理论，没想到佛印禅师早站在江边等候，他哈哈大笑道：“你不是说自己‘八风吹不动’吗？怎么‘一屁打过江’了呢？”

苏东坡闻言，惭愧不已。

与佛印禅师相比，苏东坡的内心力量显然逊色不少。对于参禅悟道来说，一切了了，全都应该放下。而苏东坡却没有意识到或忽视了自己爱炫耀、虚荣又易怒的弱点，内心被弱点捆绑和牵制，怎能爆发出“悍马”般的力量呢？

总之，不需要任何掩饰，勇敢地“晒”出你的弱点，大大方方地和它握手言欢，如此就能打开心灵枷锁，就能把最弱点转为最强点，你就会无所畏惧，命运也会向你所期望的方向转变。

当行则行，当止则止，量力而为

我们在买东西之前，要清楚自己口袋里有多少钱或者信用卡上还能透支多少钱，避免付款时掏不出钱的尴尬。同样，一个人要想成就一番事业，也要先掂量一下自己有几斤几两，弄清自己究竟有多大能耐、多大本事。

没有勇气承认自己的实际能力、明确自己的局限，总是习惯给自己一个过高的定位，就容易导致夜郎自大、自不量力，这不利于自身优势的发挥，是成功的最大障碍，甚至还会付出沉重的代价。

森林中，动物们正在举办一年一度“比大”的比赛。浑身肌肉、肚子滚圆的老马走上台来，动物们高呼：“大。”大象登场表演，晃动着鼻子，一抬脚，大地都在震颤，动物们欢呼：“真大。”

这时，台下角落里的一只青蛙很是不服气：“难道我不大吗？”它一下子跳上一块巨石，一口气一口气地往肚子里运气，拼命用气把肚子鼓得圆圆的，同时神采飞扬地高声问道：“我大吗？”

“不大。”台下传来的是一片嘲讽声。

这时，青蛙气极了，猛吸了几口气，眼睛睁得大大的，把肚子鼓得更大了。突然，“砰”地一声，肚皮撑破了，青蛙倒在了血泊中，再也没有醒来。可怜的青蛙，到死也不知道自己到底有多大。

林肯在总结自己一生的经历时得出这样一个结论：“自然界里喷泉的高度不会超过它的源头。”意思是说，任何事情都存在突破口，但很多事情是不以人的意志为转移的，不是任何人都能够穿越突破口，抵达更高的层次的。

打铁还需自身硬，青蛙自不量力、吹破肚皮的教训我们应该牢牢地吸取。每做一件事情，先掂量一下自己究竟有几斤几两，明确自己究竟有多大能量，了解和承认自己的能力和局限，然后当行则行，当止则止，量力而行，这并不是放低要求、无所追求、浑浑噩噩，而是一种理智的准确定位、一种清醒的脚踏实地。量力而行能够使自己生活得更加充实和自在，能让自己有限的生命生发出适度的光和热，从而为自己带来一生的安宁与幸福。

有一位登山运动员，他曾经有幸参加了一次攀登珠穆朗玛峰的活动。珠穆朗玛峰的最高海拔为 8844.43 米，当他爬到海拔 6400 米的高度时，渐感体力不支、身体不适，与队友打了个招呼就下山了。

事后，许多朋友都替他惋惜，很多人说：“已经走了 3/4 的路程了，你为什么要放弃呢?如果能咬紧牙关挺住，再坚持一下，或许也就上去了。要知道，有多少人梦寐以求站在珠穆朗玛峰上啊!”

可是这位运动员却不以为然，他很干脆地回答：“不，我自己最清楚，6400 米的海拔高度是我登山生涯的最高点。如果我再攀登的话，可能就会丧命。所以，对此我一点儿都不会感到遗憾。”

对于这位登山运动员来说，6400 米就是他的极限和最大承受能力，他承认自己的能力和局限，只到达自己所能达到的最高高度，淡然自若地做自己能做的事。无疑，他的内心是强大的，谁又能说他不是一位真正的胜利者呢?

不是所有的人都能登上珠穆朗玛峰，不是任何人都能摘取金字塔顶端的明珠。山顶有山顶的辉煌，山腰、山脚也有不可替代的美丽风景。只要是到达了自己力所能及的景点，每个人都是成功的攀登者。

在法国文学大师罗曼·罗兰的小说《约翰·克利斯朵夫》中，主人公与他的舅舅之间有一段对话：“如果不行，如果你是弱者，如果你不成功，你还是应当快乐，因为那表示你不能再进一步。为什么要抱更多的希望呢？为什么为了你做不到的事悲伤呢？一个人应当做他能做的事，英雄就是做他能做的事。”例如，办企业的人没有去炒股，或者投资房地产，那是因为他们知道自己的能力范围是办企业，其他的领域就是他们极限范围之外的了；进行金融投资的人没有去办企业，那也是因为他们了解自己不擅投资。

及时了解自己的能力和局限，并且承认自己的能力和局限。当行则行，当止则止，量力而为，用足够的理智来分析、来应对自己所面临的情况。如果做到这些，你就可以“转弱为强”，将事情做到极致了。

持一颗“诚”心，面对真实的自己

诚实本是人最自然、最简单、最基本的品质，可是由于各种各样的原因，许多人处处设防，不敢面对现实，不敢正视自己的心灵，习惯戴着虚假的面具生活，用欺骗和谎言麻痹自己和别人。

然而，如果一个人连诚实都做不到，常常不肯真诚地面对自己，总是选择逃避真相和事实，用借口、谎言、大话麻痹自己和别人、取得别人的信任，这样能行得远吗？恐怕最终只会与真实的自己渐行渐远，令人敬而远之。

诚实是一件需要巨大勇气和力量才可以做到的事，只有那些真正内心强大的人才做得到。

一家外资公司贴出招聘启事，要向社会招聘一名经理助理，工资待遇很是诱人。不过，在招聘条件一栏中有一项要求：必须具备两年以上的相关工作经验。很快，先后来了5位应聘者。

前面4位应聘者都称自己有两年以上类似的工作经验，但面对应聘者的提问，他们很快显示出对这一行业的无知。最后一位则坦率地对招聘者说自己不具备这方面的工作经验，但经过短暂的实践后肯定能够胜任。

主考官问："很多求职者在介绍自己情况时并不诚实，你为何能够诚实相告呢？"

应聘者回答，小时候有一次自己偷拿了家里的鸡蛋出去卖。奶奶问他时，他撒了谎，奶奶朝他屁股上重重地打了一下，然后告诫他说："穷不可怕，只要你诚实，你就有救。"他永远记住了奶奶的话。

负责招聘的两位主考官听了以后，毫不犹豫地录用了他。后来，这位应聘者果然不负众望，成了经理的得力助手。

一个连自己的真实面目都不敢示人的人，是不具备诚实的品性的。作家裴多菲曾说过："对自己真实，才不会对别人欺诈。我宁愿以诚实来换得100个敌人的攻击，也不愿意用假仁慈来骗取10个朋友的赞扬。"

生命不可能从谎言中开出灿烂的鲜花。当我们需要取用一件东西的时候，请一定要用诚挚的心态去面对。就好比恋爱中的人，如果仅仅想要得到对方的人，仅靠甜言蜜语就可以，但若想得到对方的心必须真心换真心。

一个诚实的人，敢于面对事实和真相，在别人含含糊糊、唯唯诺诺的时候勇敢地指出真相。其实做到诚实没有什么大的代价，只是你勇于放下、抛弃那些虚假的东西，真实的自己便自动呈现出来。

飞人乔丹是NBA历史上最伟大的篮球运动员，曾经创造过多项世界纪录，而且至今无人打破。有段时间，公牛队年轻气盛、好胜心极强的新秀皮蓬总是对别人说乔丹不如自己，自己一定会把乔丹击败等。

有一次休息时，乔丹问皮蓬：“你觉得咱俩的三分球谁投得更好一些?”当时的统计数据显示，乔丹投三分球的成功概率是28.6%，皮蓬的成功概率则是26.4%。因此，皮蓬听了很不高兴地说：“明知故问，当然是你喽!”

“不，你投得更好一些!”看着生气的皮蓬，乔丹微笑着纠正说，“你的动作规范、流畅，你左右手投得都很棒，而且不用另一只手帮忙。说实话，我扣篮主要用右手，而且会习惯性地用左手帮一下忙，这一点很多人都没有注意到，所以你的投篮比我好，而且进步空间也比我更大!”

听到乔丹如此诚恳地自我剖析，皮蓬大为感动，此后他一改自己对乔丹的看法，更多的是以一种尊敬的态度向乔丹学习，于是，他们二人都有了不同程度的提高，配合得越来越默契，为公牛队创造了一个又一个辉煌的战线。

统计数据显示，乔丹投三分球的成功概率比皮蓬高，但乔丹并没有一味地沉迷于这些数字，而是敢于面对事实和真相，主动地、诚实地指出自己扣篮不如皮蓬，他的诚实赢得了皮蓬的尊重，也成就了自己。

由此可见，真正内心强大的人不需要任何伪装，能诚实面对自己和生活。

莎士比亚说过这样一句话：“对己能真，对人就能去伪，就像黑夜接着白天，影子随着身形，就会获得极大的心灵平静。”你呢?你对自己诚实吗?用心好好地想想，你会发现很多很多……

人生在世不过几十年光阴，与其虚假、庸碌地虚度人生，不如坦荡一颗诚心，做一个诚实、光明磊落的人。纵然只是短短的一瞬，它真实的美丽也会灿烂一生。

生活还要继续，切莫抓着错误不放手

当你犯下错误并付出沉重代价时，你是否可以原谅自己，和自己握手言和呢？事实上，很多人在犯错之后都会对自己耿耿于怀，迟迟不肯原谅自己，甚至无比憎恨、无比痛苦地对自己说："我永远无法原谅自己。"

一个人若不知自我宽容，一直责备或苛求自己，只会加深自己的痛苦，恐怕自己身边的任何人——你的配偶、你的孩子、你的父母、你的朋友，甚至你的小狗都会对你的痛苦感同身受。

虽然进入公司刚刚一年，但苏姗的优秀表现有目共睹，领导也很器重她，这次更是让她负责一个重要的企划案，还透露说如果这次企划案能赢得客户的认可，她将有可能被调到更重要的职务。

对苏姗来说，这是个千载难逢的机会，她暗下决心一定要做出成绩来，那段时间里她每天都熬夜准备这份企划案，连一日三餐都顾不上吃。本来已经准备就绪了，可谁知到了会议的那天，由于过度紧张，身体透支，苏姗的脑子一片混乱，发言时词不达意，还老是说错话，几次中断，会议结果可想而知。

看到领导失望的表情，苏姗懊恼不已，她不能原谅自己，再没有心情做工作了，以致工作中又出现了几次小失误，于是她对自己更加不满了，甚至对工作失去了当初的信心，觉得自己不适合这个工作，最后无奈地递交了辞呈。

回到家，苏姗又开始了自我惩罚，不是经常不吃饭，就是暴饮暴食，或者拼命地喝酒，有时干脆将自己关在房门里整日哭泣不已，也曾几度想离世而去。

看到她这个样子，家人也颇为担忧和烦恼。

企划案的失败固然令人遗憾，而且已经无法挽回了，但是苏姗却对此耿耿于怀，始终不肯原谅自己，结果导致心情过于糟糕，影响到了自己正常的工作和生活，这不能不说是苏姗内心力量太过薄弱的原因。

不能原谅自己，我们内心的力量将被怨悔吞噬，无法看到希望的曙光；不能原谅自己，我们便会终日在自责中度过，无法洗心革面；不能原谅自己，我们便会失去自信，更会失去前进的勇气……既然如此，不如反过来想一想，错误既然已经犯下了，再怎么惩罚自己有什么用呢？谁也不能再改变过去，而且你已经为此付出了沉重的代价，为什么还要束缚自己的内心，搭上现在和未来呢？

俗话说：“人非圣贤，孰能无过。”无论是在工作还是生活中，犯错本来就是难以避免的事情，关键不在于犯错本身，而在于你犯错之后的反应。代价不能再收回，但是我们的心情可以回转，也需要回转，因为生活还要继续。

因此，切莫抓着自己的错误不肯放手，坦然地面对自己的错误，真正从心底里原谅自己，把自己从羞愧和内疚中解放出来，才能使这颗心迅速地恢复往日的活力，获取到前进的勇气和力量，朝气蓬勃地投入到新的生活和事业中。

他英俊潇洒、年轻有为，令潇潇一见倾心，遂在心里暗暗发誓，今生非这个男人不嫁。朋友都替潇潇捏了把汗，便向她揭那个男人的底，说他曾经如何花心，还列了一串被他花过的名单，但潇潇却不以为然地说：“以前他花心是因为没有遇到真正喜欢的人，遇上我之后他以后就不一样了。”

俗话说：“男追女，隔层山，女追男，隔层纸。”潇潇终于如愿以偿，与对方火速“闪婚”，两个人看起来幸福而甜蜜。但是这种生活只维持了一年多，男人原形毕露，继续拈花惹草，甚至和潇潇提出了离婚。

那段时间里，潇潇始终没能走出婚变的阴影，整日以泪洗面、懊恼不已，怨恨自己当初不听从大家的劝说，后悔和他有过所谓的爱情，如果那也算是爱情的话。后来，在家人和朋友的帮助下，潇潇意识到不能原谅自己只会让自己更痛苦。

“人的一生中，总会遇到那么几个人渣。”潇潇对自己如是说，潇潇想对自己好一点，她去了美发店，将多年的一头长发剪成了干净利落又时尚的短发，又去商场购买了几款适合自己肤质的化妆品，最后还特意去买了漂亮的衣服和鞋。

精心打扮了自己一番，看着镜中漂亮的自己，潇潇的生命仿佛注入了新的活力，心情顿时愉快了很多，婚变的打击也没有那么让人难受了。过去的就让它过去吧，潇潇有信心把握好下一段婚姻，找到生活的重心和幸福。

潇潇之所以能够重新获得快乐感，使生命注入新的活力，正是因为她懂得了不原谅自己只会更痛苦，不再揪着找错结婚对象的错误不放，过去的就让它过去，内心活动的范围扩大了，自然就不再沉浸在自责和后悔中了。

还是那句老话所说：“人非圣贤，孰能无过。”不管发生了什么，自我虐待、自我惩罚都不是解决方法，原谅自己才是调整自我的最好方法。其实，学会原谅自己，要比原谅别人更值得提倡。

然而值得注意的是，这里所用的词“原谅”，而不是说忘记。“前事不忘，后事之师”，分析犯错的原因，汲取经验教训，前面的错误便是成功必须的“投资”了，下次哪怕是一点点的改善，也会让我们受益匪浅。

时常进行反省，朝着完美进发

普罗米修斯创造了人，又在他们每人脖子上挂了两只口袋，一只装别人的缺点，另一只装自己的。他把那只装别人缺点的口袋挂在胸前，另一只则挂在背后。这个故事说明，人们往往能够很快地看见别人的缺点，而自己的却总看不见。

但是，你真的没有缺点吗？你真的是完美的吗？答案是否定的，因为“金无足赤，人无完人”，每个人都有缺点，如做事不够果断、粗心大意等等。一个人有缺点并不可怕，可怕的是不敢正视它、承认它。

曾子曰：“吾日三省吾身。为人谋而不忠乎？与朋友交而不信乎？学而不习乎？”古人尚且能这样，我们更应该如此，毕竟是选择消极地逃避还是积极地自省，将在很大程度上影响一个人的前途和命运。

这是因为，有没有自我反省的能力、具不具备自我反省的精神决定了我们能不能认识到自己的不足、能不能不断地学到新东西，这是一次检阅自己的机会，是一次重新认识自己的机会，更是一次提升自己的机会，是自我修养的最高境界。

自省是寻找自己的“不完美”，犹如用锋利的手术刀解剖自己，毫无疑问是痛苦的，这也正是人们之所以不敢反省的主要原因。要做到这一点，你就必须以非凡的勇气、强大的心灵力量做后盾。

智者也是普通人，所不同的是他们有勇气正视自己的不完美，勇于在大家面前承认自己的缺点，更重要的是他们会尝试着去改正、去改变，心灵不断升华，做越来越完美的自己，以完美的态度去做事。

日本保险业泰斗原一平在27岁时进入日本明治保险公司开始推销生涯。当时,他穷得连午餐都吃不起,经常露宿公园。有一天,他向一位老和尚推销保险,等他详细地说明之后,老和尚平静地说:“你的介绍丝毫引不起我投保的兴趣。”

原一平哑口无言,老和尚解释道:“年轻人,你知不知道自己的不足之处在哪里呢?赤裸裸地注视自己、毫无保留地彻底反省,发现自己的不足吧。如果做不到这一点,你将来就不会有什么前途可言。”

原一平接受了老和尚的教诲,他举办了一个“批评原一平”的集会,目的是让周围的家人、朋友、同事等指出自己的缺点。“你的个性太急躁了,常常沉不住气”、“你有些自以为是,往往听不进别人的意见”、“你欠缺丰富的知识,必须加强改进……”原一平把大家提出的宝贵意见都一一记下来,每天晚上8点进行反省。

随着反省的定期进行,原一平发觉自己就像一条蚕正在“蜕变”,每天都感觉自己就像获得了新生一样。到了1959年,他的销售业绩荣膺全日本之最,并连续15年保持全日本销售量第一的好成绩,被称为日本“保险行销之神”、“日本最伟大的推销员”。谈及自己的成功,原一平这样总结道:“如果每个人都能把自我反省提前几十年,便有50%的人可能让自己成为一名了不起的人。”

原一平的成功,关键在于他有自省的能力和勇气,也就是能客观公正地审查自己、不留情面地剖析自己,他还热烈地欢迎别人批评自己。通过这种不断的自省,他的个人魅力和工作能力均得到提高,一步步趋于完美。

“君子博学而日参省乎己,则知明而行无过矣。”不管境况如何,每个人都应该将自己的内心开放至一个合理的程度,经常反省自己,在不断的探索中获得进步,在不断的改进中得以提升,在不断的总结中得到指引。

“我现在办事的效率是否太慢,需要做出哪方面的提高?”“我现在为人处世的方式是否够机智、够圆熟？”“我的思维是否渐渐老化？是不是需要突破一些思维定势”、“我现在的心态好吗？能否让自己获得成功？……”

坚持这样做下去，像天天洗脸、天天扫地一样天天自省，找到自己的缺点或者不足，然后不断改正，相信你的心灵会更有力量，整个人将实现越来越完美的蜕变，如此，也就再没有什么能阻挡你获得圆满的人生了。

第4章

重视自己的态度，提升内心的“抓地力”

如果对方要你做不合理的事,学会拒绝。

错不在你时，坚决不说“对不起”

或出于礼貌，或出于懊悔，或是其他的什么原因，“对不起”这 3 个字是我们经常挂在嘴边的。

人生说得最多的一句话可能是“对不起”，但最不敢说的字眼也可能是“对不起”。

一家医院收治了一名患儿，主治大夫精心为患儿做治疗，没几天患儿病情大为好转，家长提出要带孩子回家，按照当地的习俗给孩子过周岁生日。医生见孩子已无大碍，就答应了对方的要求，并叮嘱了一番注意事项。

谁料 3 天后，孩子的情况变得很糟糕，被家长急匆匆地送进医院也未能抢救过来，于是家长情绪失控，又哭又闹，非要主治医生将自己的孩子救活。小小的生命居然早早地夭折了，主治大夫对此也很伤心，她流着眼泪对家长说：“对不起，我没能救活孩子。”

连主治大夫自己也没想到，就是这么一句话却给她惹来了非常大的麻烦。医生为什么说“对不起”，是不是她误诊了孩子？这不是证明医生的医术有问题吗？家长越想越确定这样的想法是正确的，先是召集众亲友将医院围得水泄不通，后来干脆将医院和主治医生告上了法庭，强烈要求主治医生给个说法。

后来，经过半个多月的诉讼、取证、申辩，法院证明该医院和主治医生没有过错，孩子夭折的悲剧是家长照顾不佳所致。有关部门出面做工作，孩子的家长收回了无理要求，但是该医院和主治医生的名誉却受到了不好的影响。

在这个事件中，那位主治医生一句用错地方、用错对象的“对不起”，给孩子的家长形成了“医生为什么说‘对不起’，是不是她误诊了孩子？”的错误观念，这不正证明了医生医术有问题吗？从而给自己和医院造成了极大的麻烦。

一句礼节性的“对不起”怎么会导致这样的后果呢？这是因为，“对不起”意味着你在第一时间暗示别人你做错了事，承认了自己的错误，主要责任在你，你在向其道歉。可见，“对不起”可不是随便说的。

有些事不是一句“对不起”就能解决的，说声“对不起”会显得你内心的力量不够强大，容易被别人逼迫就范、自贬身价。

因此，遇到麻烦时，你要重视自己的态度，分清责任。如果责任在你，你可以说“对不起”；如果责任不在你，或者事情还没弄清楚，即使别人怎样贬责你、态度如何坚决，你也不可以先赔罪说“对不起”。

蔡谷和女友交往了一段时间后，感觉女友太小气又啰唆，且把自己管得太紧，便提议分手。女友不想分手，又哭又闹，怒骂蔡谷欺骗了自己的感情，还指责他对自己始乱终弃。这件事愈闹愈大，以致闹到双方家长与亲朋出面介入，但是蔡谷坚持分手，并指出双方性格不合，不存在任何的欺骗和抛弃。

最后，女友只好“以退为进”，对蔡谷说：“看在你之前对我这么好的份上，只要你在亲友面前承认你欺骗了我，跟我好好地赔礼道歉，我保证不会和你计较，也不会再纠缠你，我会同意与你分手的。”

蔡谷的父母认为这是女方要给儿子一个台阶下，就劝蔡谷赶紧认错赔罪，说声“对不起”。这时，蔡谷还算脑瓜子聪明，态度也很坚决，他死也不肯赔礼道歉，坚持说自己没有做错什么事情，为什么要赔罪呢？双方僵持了一阵子，由于蔡谷坚决不承认自己有错，女方也没有什么办法，于是事情不了了之了。

蔡谷是一个内心强大的人，他重视自己的态度，认为自己没有做错什么事情，绝不轻易地向女方说“对不起”，没有赔礼道歉，并且一直坚持自己的立场，如此，便提升了内心的“抓地力”，占据了上风。

试想，如果蔡谷为了息事宁人脱口说出“对不起”，女方势必会死咬这句证词，证实蔡谷确实是欺骗在先，丢弃在后，然后利用亲友的支持逼迫蔡谷回到自己的身旁，或者将蔡谷臭骂一顿，甚至索取各种补偿。

切记，重视自己的态度，坚持自己的立场，“对不起”3个字不可以随便说，只要不说就不会给别人可乘之机，从而才能比较理性地探究如何解决问题，才不会授人以柄，也就有机会“咸鱼大翻身”。

不做有求必应的“老好人”

在生活、工作以及人际交往中，不少人会碰到一些不合理的要求或是自己不愿意接受的事情。很多时候，人们因为害怕拒绝会得罪人，便有求必应。

在某种程度上说，有求必应可以维护和谐关系，但总是不知道拒绝却会大大降低我们内心的“抓地力”，消减内心的力量，进而大大降低自身的影响力，使我们在他人面前显得很被动，甚至授人以柄。

尹娜是某公司的宣传员，她最不愿意做的事就是得罪人，最不会做的事就是拒绝人。所以在工作中，只要同事们提出什么要求，她总碍于面子，怕惹别人不高兴，心里再不情愿也会硬撑着答应下来。同事们知道尹娜很“热心”，便毫不客气地请她做这做那，“尹娜，帮我把文件发了”、“尹娜，帮我订一下午饭……”

这天，销售员V忽然满脸堆笑地朝着尹娜走了过来，尹娜暗自叫了一声“不好”，不自然地把头转到另一边，同时也在心里打定主意，这次绝对要拒绝别人一次,不能再耽误自己的工作了。“尹娜,我能不能拜托你帮我查一下这方面的资料呢?他们都说你是这方面的专家。”销售员V问道。

开始的时候,尹娜不敢抬起来头拒绝V,她觉得“不”字从嘴里蹦出来似乎比登天还难。当她终于鼓起勇气抬头迎向V的目光时,谁知V还没等她说话就自己先下了结论:“啊?你不拒绝也就是同意啦,真的吗?太感谢你了!”

于是,尹娜再一次意识到了自己的失败。就这样,尹娜成了公司里最忙碌的人,也是工作效率最低的人,到头来搞得自己心力交瘁、疲惫不堪,工作陷入一团糟的困境,屡次遭到经理的严厉批评。

尹娜的经历让我们领悟到,有求必应的“老好人”虽然在道德上是被人赞赏的,但却容易变成大家呼来唤去的“杂工”,别人也会认为你帮他做事是应该的,是一种必须履行的义务,最终导致自己深陷其中,承受不了。

心理学上有一个登门槛效应,又称得寸进尺效应。通俗点儿讲就是,在不懂得拒绝的前提下,一旦接受了他人的一个微不足道的要求,他人便会认为你是愿意的,摸透了你的心理后,就有可能支使你继续干下去或者提出更大的要求,这种现象犹如登门槛时要一级一级台阶地往上登一样。

试想,你做着自己不愿意做的事,允许他人不断地利用你,而且是较高、较难的要求,心中的负担和痛苦日积月累,倘若有一天你终于失去了耐心,把积累的怨气一并爆发,想想那时的情形和结果将会是怎样的?毋庸置疑,你一直害怕被破坏的和谐关系、你一直努力维持的善良形象都将轰然倒塌。

当今社会是一个优胜劣汰的竞争社会,一个重视自己内心的“抓地力”,有原则、有主见的人,比唯唯诺诺的“老好人”更有能力提升自身的影响力,掌握生活中的主动权,生活得更加轻松自如。

因此,为了不授人以柄,为了自己的身心健康,面对不合理或者违背内心意愿的要求时,不管这个要求有多小你都不要答应,重视自己的态度,学会坚决地说“不”,提升内心的“抓地力”。

当然，拒绝这个词语给人的感觉往往是严厉的。开口拒绝别人不是一件容易的事情，这个时候，你不妨在尊重对方的基础上运用一些暗示拒绝的肢体语言，比如，摇头、突然中断笑容、目光游移不定、心不在焉……

如果依然担心如此会伤害别人的颜面，不如采取拖延时间的方式。对于别人提出的不合理要求，你可以暂不给予答复，继续忙自己的事情，让对方自己感觉到你的为难、苦衷，对方要是聪明的话会自行放弃求助。

另外，你还可以用一个充分而恰当的理由说明自己帮不上忙，使他人能够理解你的拒绝是出于无奈之举，如此就合情合理了。例如，有人希望你帮他写工作报告，你不妨说："真抱歉，我在这方面的造诣没有你好，而且我的写作水平不好，这件事我可干不了。"这样一来，对方就比较容易接受了。

运用了这些方法后，若对方还是坚持要你帮忙的话，那么你最好态度坚决、斩钉截铁地拒绝他。你一定要记住，那是他的事情，而不是你的，你的任务是做好自己的事情，过好自己的生活。

无论如何，拒绝时要保持温和可亲的诚恳态度，别忘了说一声"非常抱歉"之类的话，也可以适当地补偿一下，比如，帮助对方做其他事情、给对方送一个精美的小礼物、隔一段时间主动关心对方的情况等。

总之，重视自己的态度，学会拒绝别人，既可减少许多紧张和压力，屏蔽不必要的烦恼，又可表现出人格的独特性，不致使自己陷于被动，进而享受到实实在在的快乐和成就感，真正受到别人的认可和尊重。

理性点儿,不屈服别人的游说

在实际生活中,不少人会为了各种各样的原因而屈服别人的游说,放弃自己的想法。然而,正如平常你作了选择一样,既然你选择了屈服,你就一定得接受后果,不能怪别人只顾自己而不顾你。

在现实生活中,被强迫购买商品的顾客就是一个例子。虽然顾客心中不想买,但是却不够重视自己的态度,无法说出不想买的真正理由,于是店员便钻了空子,利用你这种不好意思的心理,游说你买这买那。下面是一个交易场景。

店员:"(先陈述自己商品的优点),先生,请问你现在要付款吗?"

顾客:"不!虽然我很想买,但是实在不能买,这个商品的价格太高了……"

店员:"没关系啦!我可以给你7折优惠,这可是最优惠的价格哦。"

顾客:"是呀!不过我想我还是不能买,因为……"

店员:"那还不简单,不必担心,我会好好帮你解决这个问题的。"

就这样,顾客终于将物品买下了。

毋庸置疑,在这场较量中,店员取得了胜利,因为顾客内心的力量不够强大,他不想引起对方的不快,而且也无法说出真正不想购买商品的理由,意志力又被对方的游说动摇了,结果买下了原本不需要的商品。

事实上,如果顾客重视自己的态度,具有"悍马"般强大的内心力量,树立坚决不买的决心的话,任何人都无法游说他购买商品的,如此也就不会沦落到被对方"牵着鼻子走"的地步了。再来看另一个交易场景。

店员:"(先陈述自己商品的优点),先生,请问你现在要付款吗?"

顾客:“不,我不想买。”

店员:“为什么呢?是不是有特别的原因?”

顾客:“没什么别的理由,就是不想买而已!”

店员:“这种商品很好!买了肯定会对你有好处。”

顾客:“是吗?可是我仍然不想买!”

就这样,顾客坦率地、明显地将不想买的决心表露出来,店员也就无可奈何了。

“能消费多少就消费多少,别听什么怎样怎样之类的话。”曾经多名消费者总结出了这样一条购物经验。理性点儿、坦率点儿,其他人不能替代你生活,不必屈服于别人的游说,只倾听自己的心声就好。

伏尔泰曾经这样说过:“当别人坦率的时候,你也应该坦率,你不必为别人的晚餐付账,不必为别人的无病呻吟弹泪,你应该坦率地告诉每一个使你陷入不情愿又不得已的难局中的人最真实的想法。”

然而,不屈服别人的游说也是有方法的,如果面对一个乞丐,你不想施舍,就不要说你兜里正好没有零钱;如果一个讨厌的推销员在门前缠着你,就不要说炉子上正好烧着开水;如果某个讨厌的家伙要求你为他干这干那,就不要说那时你正好没时间。

要知道,任何多余的解释会叫你自感心虚理亏,处于这场较量的下风。那些内心强大的人深深地懂得这一点,所以他们总是很重视自己的态度,坚持按照自己的意愿做事,进一步提升内心的“抓地力”。

本杰明·迪斯累利是英国保守党领袖,两度出任英国首相,他是一个内心强大、重视自己态度的人,他不会屈服于别人的游说,还能恰当地给足对方面子。这一点是非常值得我们学习和借鉴的。

有一段时间,有个野心勃勃的军官一再请求迪斯累利加封自己为男爵,“尊敬的首相,您是知道的,我才能超群,曾指挥过多次精彩的战役。凭借这些显著的功劳,您是不是应该考虑将我封为男爵呢?"

"不,你也是知道的,你没有资格被封为男爵。"本杰明·迪斯累利态度坚决地拒绝道。

"难道您忘记了吗?" 军官深深地鞠了一躬,请求道,"我们是很好的朋友,如果您能够将我封爵,以后我会更加效忠于您的。"

"不",本杰明·迪斯累利解释道,"按照规定,您不够加封条件,尽管我很想帮助你,但我不能对自己的工作不负责任。"

一次,这名军官又提出了加封男爵的要求,迪斯累利把他单独请到办公室,放低声音说道:"亲爱的朋友,很抱歉我还是不能给你男爵的封号,但我会告诉所有人我曾多次请你接受男爵的封号,但都被你拒绝了。"

这个消息一传出,众人都称赞这名军官谦虚无私、淡泊名利,对他的礼遇和尊敬远超过任何一位男爵,于是,军官不再强求迪斯累利给封爵,并且由衷地感激迪斯累利,也成为了迪斯累利最忠实的伙伴和军事后盾。

虽然这名军官才能超群,又是迪斯累利很好的朋友,但迪斯累利的聪明就在于他重视自己的态度,坚决不屈服于对方的游说,拒绝了其加封的请求,并巧妙地给予了赞扬,赐予了他比封爵享有的更大的荣耀,令其效忠于自己。

问问自己,你想授人以柄吗?如果不想,那么任凭对方再怎么巧舌如簧、说得天花乱坠,你都需要学着理性点儿,不屈服,坚持按照你自己的意愿做事。一旦你表现出了这种自主性,内心的"抓地力"就得到了提升,任谁都不敢小看你。

坚定自己的意志，不被他人影响

影响力无声无形，却像是一种磁场，让人感觉到它的存在和力量，以潜意识的方式左右或改变他人的行为观念。

如此就不难得出，如果有人要你做不合理的事情时，你要想不被别人影响，不被授人以柄，就要重视自己的态度，坚定自己的意志，培养自己的影响力，学会利用自己的影响力给予其一磅重击。

关于这一点，松下幸之助早在青少年打工时期就已经深深懂得了。

那时，年轻的松下在一家脚踏车店已工作了7年。在老板的教导或责骂中，他逐渐学习到了做生意的知识、做人的原则以及人情世故等。就在这时，发生了一件事，一位地位居于领班与学徒间的店员居然偷拿了店里的东西出去变卖，不巧却被松下发现了。店员请求松下不要声张，放自己一马，甚至提出了可以与松下分赃的建议。

当时的松下已经有了判断力，他看不惯小偷小摸的行为，便态度坚决地说："你偷拿店里的东西是不对的，意图拉我和你一起做坏事更是不对的。我不会与你同流合污，我一定会告诉老板的，而且请求他开除你。如果老板不开除你，那么我就辞职，因为我不愿意和做过这种事情的人一起工作。"

在松下的坚持下，老板最终把那个人开除了，后来这家脚踏车店的发展越来越好，居然成了当地的名店。日后已经成为"日本经营之神"的松下还曾感慨过这件事情："现在回想起来，我当时的态度或许是有点儿过分了。但如果不是那样的话，或许我也就染上了小偷小摸的恶习，那是非常可怕的。"

被别人所影响，做一些与自己的意志违背，尤其是不合理的事情，这样的人是没有“向心力”的，也是失败的。不要力辩自己是被逼无奈，要知道手脚长在自己身上，除了你自己，没有人能逼迫你做什么事情。

事实上，那些内心强大的人非常重视自己的态度，他们会主动培养自己的影响力，能将自身的力量“辐射”到周围人身上。正因为此，他们往往不会随波逐流、授人以柄，而是无所畏惧、大气不凡、卓尔不群。

唐朝作为中国封建王朝的鼎盛代表，也曾留下了血泪教训。唐玄宗沉迷女色、荒废朝政、宠信奸臣；杨氏权倾朝野，一手遮天，直接导致了唐朝的政治黑暗，唯独“诗仙”李白清白独立于其间，并留下“杨国忠磨墨，高力士捧靴”的典故。

话说有一次，唐玄宗叫乐工写了一支新曲子，还没填上歌词，就命令太监叫来李白。李白看不惯宰相杨国忠和宦官高力士平时作威作福，便想假借醉酒让他们在满朝文武面前出丑，于是抢先禀报：“启奏万岁，我已然酒醉，非要随心所欲才能写出诗文，若有无礼不周之处，还望开恩恕罪。”

获得准奏后，唐玄宗命人在金殿上铺了棉褥，在上面放置了锦墩，李白便一屁股坐在锦墩上，接过酒杯，把脚一伸，指向红极一时的高力士：“高公爷，你给老爷脱靴吧。”高力士简直气昏了，但为了不让唐玄宗扫兴，只好捏着鼻子去给李白脱靴子。李白连正眼也不看高力士，只是笑嘻嘻地说：“高公爷，你的手肮脏得很呐。”

“哈哈哈……”接下来，李白换了一杯酒，转头又对红极一时的杨国忠说：“杨国舅，快给老爷磨墨，否则我一个字也不写！”杨国忠没有办法，只好耷拉着脑袋开始磨墨。李白却不想放过他，一会儿嫌墨浓，一会儿嫌墨淡，还一个劲儿地挖苦其为废物。杨国忠气愤极了，又不敢发作，只好勉强地强颜欢笑，把一张脸挤得比哭还难看。

“安能摧眉折腰事权贵，使我不得开心颜。”李白不与世俗同流合污，蔑视权贵、刚正不阿，敢让红极一时的杨国忠为他研墨，让炙手可热的高力士为他脱靴，这需要何等的勇气和智慧?!就这样，尽管杨国忠和高力士在朝野作威作福，一手遮天，但内心始终对李白有恐有慌、有畏有惧。

不要以为只有名人、伟人才具有影响的力量，才可能成为转化强与弱的颠覆者。实际上，我们普通人也拥有这样的潜质，只不过相较而言，那些重视自己的态度、内心“抓地力”较强的人往往更胜一筹。

明白了这个道理，你还犹豫什么呢?赶紧行动起来吧。

用忠诚守卫你的道德底线

人与人之间的较量不是西风压倒东风，就是东风压倒西风，就看大家的底线是什么，然后作怎样的决定。请记住，如果你不想成为别人的“把柄”，就要学会拒绝，用忠诚守卫你的道德底线。

“忠诚，是人的宝贵品格”、“人活着，不能没有忠诚”、“这个世界，并不缺乏有能力的人，那种既有能力又忠诚的人才是每个企业渴求的最理想的人才”、“忠诚是国家的需要，是企业的需要，但它更是你的需要，你得依靠忠诚立足于社会……”这些名言名句都在警示我们，忠诚具有非常重要的意义。

遗憾的是，现实中有些人受人蛊惑，会失去忠诚做人的原则，结果给他人以可乘之机，让自己骑虎难下，搬起石头砸自己的脚。

刘先生是某技术开发公司的主管，自从和总经理产生意见冲突后，双方一直未能妥善处理，为此刘先生一直耿耿于怀。就在这时，竞争对手公司接近了刘先生，出高价让其暗中出卖本公司的商业机密。

利令智昏再加上报复心的驱使，刘先生想尽了一切办法把公司的机密文件和库存数量、货品结构、价格策略弄到了手，并一一透露给了竞争对手公司。几经交手，原先生意红火的公司蒙受了巨大的经济损失，节节败退，最后元气大伤。

看着总经理整天愁眉苦恼的样子，刘先生有些许的快意，但念及平时总经理对自己的厚待，他不禁开始后悔自己当初的冲动，也意识到了这是一种不法行为，便请求竞争对手公司适可而止，不要将人逼上绝路。

岂料，对方却坚持让刘先生继续提供信息，并要挟刘先生如果停止提供消息，或者公布这一“秘密”，那么他们就会揭发刘先生泄密的事情。继续出卖公司不对，但现在又不敢停下来，于是，刘先生苦不堪言、痛不欲生。

刘先生的行为显然是一种背叛，而且他身居要职，曾参与公司的经营决策，了解公司商业秘密，直接决定公司的生存与发展，一旦对公司不忠是相当可怕的，结果公司的结局很可能是破产，刘先生则会失业又失名，得不偿失。

现在社会竞争近趋白热化，诱惑颇多，是对忠诚的严峻挑战，能够“守卫”忠诚这一道德底线显得非常珍贵。当然，这需要一颗强大的心灵做支撑，需要我们重视自己的态度，提升内心的“抓地力”，经得住考验。

约瑟夫是一家电子公司很有名的工程设计师，这家电子公司只是一个小公司，时刻承受着规模较大的宏伟电子公司的竞争压力，处境很艰难。鉴于在行业上的影响力以及自身的能力，约瑟夫得到了宏伟电子公司的“垂涎”。

有一天，宏伟电子公司技术部经理邀约瑟夫共进晚餐。在饭桌上，这位经理问约瑟夫：“你这么优秀，完全可以在一家大型企业就职，比如我们公司，而且我会给你很好的职位。但有一个条件，听说你们公司正在研究一种新软件，你只要把研究的进展情况和取得的成果告诉我们就可以来我们公司工作，你觉得怎么样?”

顿时，一向温和的约瑟夫愤怒了：“不要再说了！我的公司虽然效益不好，处境艰难，但我决不会出卖我的良心做这种见不得人的事，我不会答应你的任何要求，任何时候我都会这么做，麻烦你以后不要再来找我了！”

不久，发生了令约瑟夫很难过的事，他所在的公司因经营不善而破产，约瑟夫失业了，一时又很难找到工作，只好在家里等待机会。没过几天，他突然接到宏伟电子公司技术部经理的电话，让他去一趟。

以前他找自己是为了得到公司的机密，现在公司都倒闭了他还找我干什么呢？约瑟夫百思不得其解，他疑惑地来到宏伟电子公司，出乎意料的是技术部经理热情地接待了他，并且拿出一张非常正规的大红聘书，请约瑟夫来公司做技术部副经理。

约瑟夫惊呆了，喃喃地问：“为什么这样相信我？”技术部经理哈哈一笑说：“信守忠诚比什么都重要。小伙子，你的技术水平是出了名的，你能为自己的公司保守商业机密更让我佩服，你是值得我信任的人。”

诚然，每个公司都需要约瑟夫这样的职员，每个人都需要约瑟夫这样的朋友，每个国家都需要约瑟夫这样的公民。只要成为这样忠诚的人，无论在哪里，你都不会授人以柄，而且还能获得更多的利益、更好的荣誉。

记住，重视自己的态度，拒绝任何不忠诚的行为，不该问的不问、不该说的不说，绝对不出卖秘密，谨守这条道德底线。对你的朋友忠诚、对你的公司忠诚、对你的国家忠诚，更对自己的良心忠诚。

第5章 战胜一切“坏”心理，带着希望上路

当你的内心强大到可以战胜一切恐惧与悲观的时候，就无所谓失望了，因为人在哪儿，希望就在哪儿。

一切都是最好的安排

许多时候我们会因为一点儿小小的挫折心灰意冷，因为生活上一点儿小小的不如意就怨天尤人、气恼不已，仿佛自己是全世界最不幸、最可怜的人，结果呢?大多只会导致内心被悲观和恐惧所控制，寻找不到新的希望。

常言说“祸兮福之所倚，福兮祸之所伏”、“人有悲欢离合，月有阴晴圆缺，此事古难全”，整个人生就是一个不断得而复失的过程，凡事的发生必有其正面的意义。既如此，我们又何必如此不安呢?

人的一生难免会遭遇各种困境，当时或许会令你难以接受，但是当你学着强化内心的力量，以积极乐观的心态面对，战胜紧张、恐惧与悲观等一切“坏”心理时，你会发现这一切都是最好的安排。

从前有一个国家地不大、人不多，人民过着悠闲快乐的生活，尤其是宰相，无论遇到什么事情，他都是一副很淡然的样子，他最常挂在嘴边的一句话就是:“一切都是最好的安排。”这让国王觉得又可笑又讨厌。

一次，国王准备外出巡视，却遇到了酷热的天气，这让国王非常扫兴。这时宰相对国王说:“一切都是最好的安排！在这么炎热的天气下出巡才能了解百姓的疾苦，不是吗?”国王本想打道回府，被宰相这么一说，回去就等于不顾百姓的疾苦，于是他强忍着一股无名火没有发作，恨极了宰相。

后来，国王在检查猎器时，不小心被猎器斩断了一截手指，他忍不住咬牙切齿咒骂了半天，岂料宰相居然也认为这是上天最好的安排。国王十分愤怒，立即把宰相打入大牢，并以一种幸灾乐祸的嘲讽口吻问道:“你认为这也是最好的安排吗?”没想到宰相居然说是，国王更加生气了，恼火地抚了抚袖子，扬长而去。

一段时间后，国王打猎时不小心误入了森林深处，被食人族捉住了。当晚，食人族准备了柴火，支起了大锅，准备烹煮国王。但是，当食人族清洗国王身体时却发现国王少了根手指头，这在族内是大忌，因为他们认为不完整的躯体是不祥之物，于是他们烹煮了国王的侍从，并用特有的仪式把国王送出了森林。

劫后余生的国王大喜若狂，飞奔回宫，立刻叫卫兵释放宰相，并在御花园设宴，他激动地说：“爱卿啊！你说得真是一点儿也没错，一切都是最好的安排，断了指头果真是一件好事情，否则我今天连命都没了。”

宰相慢条斯理地喝下一口酒，回敬国王：“您把我关到大牢里也是好事，陛下您想，如果我不在牢里而是像以往那样陪同您去打猎的话，那么谁会被丢进大锅炉中烹煮呢？不是我还有谁呢？因为我的身体很完整啊。”

国王哈哈大笑，朗声说：“果然没错，一切都是最好的安排！”

“一切都是最好的安排。”你或许会认为这只是对遭遇困境时聊以自慰的安慰词，其实这句话并不如想象中那样简单，因为顺境与逆境都是合乎常理、合乎因果的，而且都有其独特的意义。失去了生活的轰轰烈烈，就享有平平淡淡的幸福；放弃了急流险滩，才能拥有温馨的港湾。从生到死，每个人的开始和结局都是一样的。人生没有挫折和不幸，只有你对命运的回应。

意大利人罗贝多·贝里尼自编、自导、自演过好几部喜剧，以电影《美丽人生》获得奥斯卡最佳改编剧本、外语片、男主角3项大奖，他在上台领奖致词时说：“我感谢我的父母，他们给我的最好的礼物是贫穷。”

在一部影片中，剧中的妈妈和小男孩经历了许多灾难和折磨，最后化险为夷，小男孩天真疑惑地问妈妈：“妈妈，伤心已经结束了吗？”妈妈温柔地回答：“不会的，还会有别的伤心。但不要怕，伤心是人生教育我们的方式。”

所以，任何事情并没有什么不好，不同的是我们看待它们的方式。如果我们能强化内心的力量，拉长时间去看、提高视野去看，没有什么遭遇是不好的，一切都是最好的安排。贫困是好的，灾难是好的，破产也是好的。

可不是吗?那些内心强大的人总是能够这样想，所以他们可以战胜一切恐惧和悲观，随时带着希望上路。正如一句话所说："大多数人总会为了某人或某事而伤心落泪，事实上我们反而该庆幸自己的好运。"

希腊哲学家季诺，虽然经常在雅典市场里对众人讲授自己的哲学观念，但开始的时候他并非"专职"的哲学家，因为他有一艘货船，货船的收入足够使他衣食无缺，也使他反而更像一个生意人。

有一天，季诺的货船在暴风雨中沉没了。当不幸的消息传来时，正在市场讲授哲学的季诺并没有表现出丝毫悲观失望的表情，反而大松了一口气："感谢命运之神，托您的福，今后我只能以讲授哲学为职业，别无他法。"

拥有"悍马"般强大内心的季诺，战胜了一切"坏"的心理，下定决心以后好好研究哲学，依靠讲授哲学维持生计，后来他成为了著名的斯多葛哲学派的创始人，并被认为是自然法理论的真正奠基者。

由此可见，就像污泥对莲花而言并不是诅咒，而是祝福；就像茧对蝴蝶而言并不是阻力，而是助力。振作起来，对人生境遇始终怀有信心，你会发现心灵的喜乐，也会由此而感慨："果然没错，一切都是最好的安排！"

没有什么大不了，遇事要泰然

无论是在工作中还是生活中，每个人都会遇到不顺利的事情，这时候如果不能战胜郁闷、悲观的情绪，夜不能寐、食不下咽，结果往往是不能安心生活和工作，而且还会衍生出更多的烦恼。

其实，很多客观事情的发生是我们无法掌控和改变的，不如不困惑，不如不挣扎，不如不绝望。重视自己的态度，学着坦然一点儿，凡事没有什么大不了，该吃就吃，该喝就喝，不是更好吗？

一位中年妇女天天忙于工作，结果被查出患了严重的肾炎，家里人都心痛不已，但乐观的她没有被吓倒，也没有守着药罐子等死，她说："人总是要死的，更何况我什么都经历过，没有什么大不了的，该吃就吃，该喝就喝，好好地活下去。"

于是，中年妇女开始在家静心地休养身体，她每天都会变着花样去做自己和家人喜欢的饭菜，有时会花上一下午的时间。她喜欢跳舞，于是报名参加了一个中年舞蹈团，天天去附近的公园练习跳舞，还参加各种演出。

一段时间后，中年妇女到医院复查，结果大夫惊奇地发现她的肾炎已经好了。由于摄入了全面丰富的营养，她的免疫力得到了提高；跳舞时出汗加速了血液循环，这些都有利于肾部保健。

当面对不愉快的事情时，你就不停地念叨"没什么大不了的，该吃就吃，该喝就喝"，这样可以使自己尽快从悲观的思想误区中摆脱出来，也是不断获得快乐和希望的秘诀，人生也会变得有滋有味、丰富多彩。

更何况，上帝是公平的，在关闭一扇门时已经悄然为你打开了另一扇窗。强大内心的力量，相信生命中的希望，用充满希望的目光看待一切吧，如此意志才能趋于成熟，性格才能得以完善，品质才能得以升华。

下面是一个真实的例子。

自从得知自己将要参加最危险的海军陆战队后，普特拉每天都食不能安、夜不能寐。爸爸见此，对普特拉说："其实你没必要这么忧心忡忡的。海军陆战队有内勤和外勤两个部门，如果你分到了内勤，那些工作都是很轻松的，完全不必担惊受怕。"

爸爸的话并没有让普特拉放松，他说："爸爸，去哪个部门也不是我自己选的啊！要是我被分配到了外勤部门呢？在外勤部门工作不仅需要出去作战，而且所面对的各种环境也是非常恶劣的。"

爸爸笑着说："那也没有什么大不了的，即使去了外勤部门，你还是有两个选择，一个是留在美国本土，另一个是分配到国外的基地。如果你被分配到美国本土，这跟待在家里没有什么分别，又有什么好担心的呢？"

"那要是我去了国外呢？"普特拉继续问道。

"这样啊，那你还是有两个机会。第一个，被分配到和平而友善的国家；第二个，被分配到不和平也不友善的地区。如果是前者，那么爆发战争的几率是很小的，约等于零，你就什么事情都不会有。"

普特拉还是不满意，着急地问："可是，我要是真的去了战争地区呢？到时候我就得上前线了，这该怎么办？在前线很容易受重伤，假设我不幸身负重伤又救治无效，那我不就完蛋了吗？"

爸爸听完，大笑着说："这更简单了，也没有什么大不了。你人都死了，还有什么可担心的呢？更何况，如果你真的死了话，你就是国家的英雄，很多人会赞扬你、崇拜你。要知道，这样的荣誉不是每个人都有幸拥有的。"

因此，普特拉豁然开朗，充满信心和希望地参加了海军陆战队。他先被分配到了外勤部门，然后又被分配到了战争地区……每次面对组织上的这些安排时，普特拉都坚信没有什么大不了，欣然接受。结果呢？鉴于其优秀的表现，普特拉最终被提拔为重点军校的一名军官。

与爸爸相比，普特拉显然在生活的智慧上还有很大差距，普特拉的爸爸始终明白这样一个道理：无论人生面临什么样的际遇，在失去的同时都会得到一些东西，所以凡事没有大不了，该吃就吃，该喝就喝。

明白了这个道理，好事也好，坏事也罢，都没有什么大不了的，完全没有必要为此悲观或恐惧，维持自己正常的工作和生活才是关键。当一切步入正轨、有条不紊，离希望也就不远了。

抛却畏惧的心理，与恐惧"共舞"

一个人的内心是否强大，关键在于遭遇危险时的反应。

有研究表明，当人在遇到危急的情况时，下丘脑会分泌促肾上腺素释放激素，从而刺激肾上腺分泌肾上腺素。肾上腺素能让人心跳加速、瞳孔张大、肌肉紧张、汗毛竖起……这就是人们恐惧时的各种表现。

对于一个内心不够强大的人来说，恐惧心理似乎比危险本身可怕得多。这也正印证了丹尼尔·笛福在其小说《鲁滨孙漂流记》中的那句名言，即"害怕危险的心理比危险本身还要可怕一万倍。"

很久以前，在一个方圆几十里的大村落里，人们过着自给自足的幸福生活。

突然有一天，死神向这个村落走去。

"你要去做什么？"村里的一位老人问道。

"我要去带走100个人。"死神平静地回答说。

“太可怕了！”老人说。

“事实就是这样，”死神说，“我必须这么做。”

这位老人急忙跑去提醒所有人，死神即将来临，而且他要带走100个人的生命，于是，村里的人们陷入了无限的恐慌中。

第二天早晨，这位老人又碰到了死神，他非常不满地质问：“你告诉我你要带走100个人，为什么村落中一夜之间竟然死了1000个人呢？”

“我照我说的做了，”死神回答，“我带走了100个人，恐惧带走了其他那些人。所以，这不是我的错。”

死神想带走100个人，怎么到最后却有1000个人丧命呢？这是由于人们都担心自己会是100个人中的一位，精神过于紧张而致。或许这个故事有些夸张，但显而易见，过度地恐惧可以压垮一个人的精神和身体。

危险是一块考验内心力量的试金石，每个人的心里都会有各种各样的恐惧，不同的是当这道叫做“恐惧”的咒语开始发挥它的魔力时，内心弱小的人会变得食不甘味、睡不安寝，纵容其摧毁自己的人生和前途。而那些内心强大的人，却能与恐惧“共舞”，用行动让那道可怕的咒语失效。

相信大家都看过好莱坞电影《泰坦尼克号》，这是一部借灾难来表现人性美的电影，而这种人性美在船上的5人小乐队的几个场面里表现得淋漓尽致，得到了最大的升华。那一幕幕感人的场景，至今仍扣人心弦。

当“泰坦尼克号”遭遇冰山撞击渐渐沉没时，乘客们大呼小叫，船上一片混乱。小乐队奉船长之命来到甲板上，演奏起轻松的音乐，以稳定大家的情绪。尽管人们在乐师们的身边来回穿梭、惊慌逃命，但他们仍一丝不苟地继续着他们的演奏。

一位乐手认为此刻的演奏没有作用，反正没人会听，但首席小提琴手却平静地说：“他们在吃饭时也是没有人听的呀，我们现在拉一拉还可以取暖。”于是，他们又继续演奏下去。琴声悠扬，在大西洋冰冷的夜空中飘荡。

甲板倾斜得越来越厉害，凄厉的哭喊和求救声带着绝望在四周响起，海水漫过乐手们的脚面，音乐依然没有停下……没有一个乐手去争抢救生艇，没有一个乐手胆怯惊恐，他们专注地拉着琴，直到船身断为两截，“泰坦尼克号”彻底淹没在大海之中。

面对危险，恐惧是正常的，泰坦尼克号的数十条救生艇只有一条回去救人。但是，勇敢的乐师们却在生命的最后时刻仍然镇定地演奏着音乐，平静地面对死亡，这是多么强大的内心力量，多么伟大的人性光辉！

在死神面前，人的生命脆弱得不堪一击，然而，死神虽可以夺去人的生命，却永远夺不去从容面对风雨苦难的坚强和勇敢。因为穿透灵魂的希望，常常在生命边缘蕴涵着震撼世界的力量，让人生所有的苦难如轻烟一般消散。

的确，坦然地拥抱恐惧，与恐惧“共舞”，并学着勇敢地战胜恐惧，把恐惧的力量转化为动力，内心就获得了强大的力量。正是因为此，有些人敢与恐惧“共舞”，获得了战胜恐惧的能力，将危险性降到了最低。

《大白鲨》是20世纪70年代曾经轰动全球的大卖座电影，也是大导演斯皮尔伯格的成名作。在拍摄影片期间，斯皮尔伯格曾遇到过惊险的情况。当时，他待在潜水笼，潜在水底，水里放着引诱鲨鱼的诱饵，一条巨型大白鲨围着潜水笼打转。为了拍得更清晰，斯皮尔伯格站起来，把身子露出笼面。

突然，大白鲨径直向斯皮尔伯格游了过来，斯皮尔伯格立刻潜入笼里，不料背上的气瓶卡在了笼子外面，他被缠住了，怎么也下不来。如果控制不了恐惧感，拼命挣扎，他会更加暴露，有可能会因此丢失性命。

那一刻，斯皮尔伯格的心脏快要跳出胸膛了。在千钧一发之际，他战胜了恐惧，保持住了镇定与冷静，干脆把摄像机推到游近自己的鲨鱼面前。有趣的是，那条大白鲨把摄像机、斯皮尔伯格一起推到一边，然后继续往前游去。事后，斯皮尔伯格解释道：“我知道，我控制不了鲨鱼，但可以控制自己。

我努力做到不恐惧、不惊慌,保持冷静,就是这种心态救了我。”

在我们的生活中,危险无处不在。请记住“勇者无惧”,面对危险时勇敢一点儿,集中精力专注于自我控制,你就能够变得更加冷静且泰然自若,进而战胜一切恐惧,更有效地思考解决方法。因此,在危险面前,你是选择恐惧还是直面?你是选择战斗还是逃离?

前世界重量级拳击冠军乔·伯格纳说过这样一句名言:“在我的人生旅途中,我遇到的所有运动员和名人都承认:你永远克服不了恐惧,你只能学着控制它,如此你就变成了主人,而恐惧是你的仆人。”让我们记住这句名言,当恐惧来临时强大自己的内心,勇敢地将其征服。

幸或不幸,全在你怎样想

生活中总会有不如意的事情,而这些事情带给每个人的影响又各不相同,有些人可能会因此郁郁寡欢,也有些人会从中发现快乐。我们无法改变事物,但幸或是不幸,其实就在于你面对事物时的心态。

假如你的生命中只有一半杯水,你会怎样?

这时候,有些人会自暴自弃地说:“我完了,我的命运真悲惨。”然后开始诅咒这个世界,自悲自怜,如此,他的内心也就凝聚一股消极的情绪,陷入抱怨和诅咒命运的怪圈中,一辈子只能自卑自怜、毫无作为;而内心强大的人的做法正好相反,他会微笑着告诉自己:“呀,我并非一无所有,我还有一半杯水呢,而且如果我愿意,我还可以把这一半杯水做成一杯可口的糖水呢。”

面对同样一件事,差别如此巨大,的确值得玩味。

很多事情不是人为可控的,如生老病死、天灾人祸、地震海啸等。既然

“木已成舟”，沉迷、彷徨其中又有何意义？不妨壮大自己的内心，学着豁达乐观一点儿，稍微调整一下自己的心态，你会发现，不幸的事情其实也可以是一件好事呢。

有什么样的想法，就有什么样的未来。幸运的生活是由幸运的态度决定的，不幸的生活是由不幸的态度决定的，是我们的态度决定了我们的心情，影响了我们的健康，甚至改变了我们的际遇。既然这样，为何不多往幸运的一面想呢？

日本第二大电信服务公司KDDI的创始人、被誉为日本“经营之圣”的稻盛和夫说过这样一句话：“人生的道路都是由心来描绘的。所以，无论自己处于多么严酷的境遇之中，心都不应为悲观的思想所萦绕。”

那些内心强大的人深谙这样的道理，他们总是能够以幸运的眼光看待凡事，从容淡定、豁达乐观，如此便能战胜一切“坏”的心理。不止于此，这种心态还能改变一个人的言行举止以及人生命运的改变。

苏格拉底单身时和几个朋友一起住在一间很狭小的小屋里，生活非常不便，但他整天乐呵呵的。有人问：“那么多人挤在一起，你有什么可乐的？”苏格拉底说：“我们随时都可以交换思想、交流感情，这是多么值得高兴的事情。”

过了一段时间，朋友们相继搬了出去，屋子里只剩下了苏格拉底一个人，但他仍然很快活，那人又问：“你一个人孤孤单单的，有什么好高兴的？”苏格拉底回答：“一个人安静，我可以认真地读书，这怎能不令人高兴呢？”

几年后，苏格拉底搬进了一座7层大楼里，他住在最底层。底层的环境很差，上面老是往下面泼污水，丢破鞋子、臭袜子和乱七八糟的东西，苏格拉底还是一副自得其乐的样子，那人又好奇地问苏格拉底为什么高兴，苏格拉底回答：“住一楼进门就是家，搬东西很方便，而且还可以在空地上种花草……这些乐趣呀，数也数不尽！”

过了一年,7楼有一个偏瘫的老人嫌上下楼不方便，苏格拉底便将一层的房间让出来,搬到了7楼,他仍然每天是快快乐乐的,那人揶揄地问:“住7层楼是不是也有许多好处啊?”苏格拉底说:“是啊!没有人在头顶干扰,白天黑夜都非常安静;每天上下楼几次有利于身体健康;光线好,看书写字不伤眼睛。”

后来,那人遇到苏格拉底的学生柏拉图,问道:“你的老师所处的环境并不那么好,但他为什么总是那么快乐呀?”柏拉图说:“那是因为他明白这样一个道理:你不能控制他人,但你可以掌控自己;你不能左右天气,但你可以改变心情。”

事情本身并无所谓的好坏之分,关键在于你怎么想。美国最受尊崇的心理学家威廉·詹姆斯就曾说过:“我们的时代成就了一个最伟大的发现:人类可以借着改变自己的态度改变自己的人生。”

由此可见,与其愁苦自怨,倒不如学着强大自己的内心、豁达乐观一点儿,凡事多往幸运的方面想。抱有这样的心态,再不幸的生活也可以是一片艳阳天,如此你会获得全新的感受,把握命运的主动权。

咬破人生的“纸龙”,从逆境中走出来

人生各个不同阶段难免会有或大或小的“阴影”:无数个来自外部的打击,譬如挫折、譬如失败、譬如逆境,它们究竟会对你产生怎样的影响呢?最终的决定权不在于其他人,而在你自己。

有人曾做过这样一个实验:用纸做一条长龙,长龙腹腔的空隙仅仅只能容纳几只蝗虫,投放进去,它们都在里面闷死了。而把几只同样大小的青虫

从龙头放进去，然后关上龙头，结果仅仅几分钟，青虫们就咬破纸龙爬了出来。

原因太简单不过了，蝗虫的性子太急躁，除了拼命挣扎之外，它们没想过用嘴巴去咬破纸龙，也不知道一直向前可以从另一端爬出来。因而，尽管它们即便有铁钳般的嘴壳和锯齿般的大腿也无济于事。

人生往往也是如此，在实际生活中，许多人走不出人生中的阴影，被悲观和恐惧所束缚，并非是他们天生的个人条件比别人差多少，而是因为他们无法战胜内心的阴影，没有想到将“纸龙”咬破，自然就无法走出来。

更何况，人的内心很神秘，很多时候人生的“纸龙”并不是凭空出现的，而是来自于我们自己的想象。最可怕的是，当你一直空想时，你可能会把原本不大的紧张、忧虑或恐惧扩大到不可收拾的地步。

曾经听过这样一个故事。

有两个旅行者结伴穿越沙漠，走至半途，水喝完了，其中一人因中暑不能继续前行了，同伴把唯一一支枪递给中暑者，再三吩咐：“你每隔两小时鸣放一枪，我找到水后枪声会指引我与你会合。”说完，同伴步履蹒跚地找水去了。

躺在沙漠中的中暑者满腹狐疑：同伴能找到水吗？能听到枪声吗？会不会丢下我独自离去？眼看夜幕降临了，枪里只剩下一颗子弹，而同伴依然还没有回来。中暑者心想：难道我就这样葬身于大沙漠中了吗？

慢慢地，悲观和恐惧慢慢爬上了中暑者的心头，他想象着沙漠里的秃鹰飞过来，狠狠地啄瞎了他的眼睛，啄食他的身体……终于，他彻底崩溃了，把最后一颗子弹送进了自己的太阳穴。枪声响过不久，同伴提着满壶清水赶来，却只找到了中暑者温热的尸体。

很多时候，打败你的不是别人，而是你自己。就像故事中的那位中暑者，他不是被沙漠的恶劣气候所吞没，而是因为内心力量不够强大，无法战胜内心的悲伤和恐惧，最终生命被“坏”心理所束缚、所扼杀。

芸儿·维荷曼曾说过：“把室内的灯打开后，我们不禁怀疑，黑暗有什么好怕的？”是的，当你把一切看得清楚明了时，恐惧感就会自然消失，但是万一缺少了赶走黑暗的这盏灯，你该如何驱除心中的恐惧感呢？

很简单，我们要学会强大自己的内心，战胜一切“坏”心理，带着希望上路。当内心如“悍马”般强大，可以战胜一切“阴影”的时候，我们也就如同咬破“纸龙”的青虫，眼前出现一片新的洞天。

2008 年 5 月 12 日下午 2 时 28 分，唐沁和几名排练舞蹈的同学正在教学楼的 3 楼等着排练舞蹈。突然，教学楼剧烈地摇晃起来，随后整体垮了下来……几分钟后爷爷发现了唐沁，将她救了出来，当时唐沁的左腿已经断了，疼得直咬牙。接着，唐沁被转送到广汉的医院治疗。输液、扎针、换药，她把牙咬得紧紧的，拳头握得紧紧的，她总是微笑着，唐沁说：“我笑了，那些关心我的人才能放心！”这张笑脸感动了无数人，让人们看到了希望和力量，被人们称为“地震中最美的微笑”。

从医院回家后，唐沁刚开始只能坐轮椅，这对一个年仅 10 岁、热爱舞蹈的女孩子来说是非常残酷的。但是，唐沁没有整日哭哭啼啼，只要一有空她就丢掉拐杖练习走路，期间不知摔了多少次，尽管每次痛得眼泪水打转，但她还是强忍了回去。她的努力与执著得到了回报，3 周后她终于能够行走了，并且重新入学。刚开始，她害怕听到响声，更不敢上楼，随时都感觉楼房要垮塌了似的，不过她时常提醒自己要坚强、要乐观，渐渐地，她小小的心灵上的伤口终于愈合了。

现在，唐沁生活得非常开心，学习也很优秀。“我现在已经走出了地震的阴影，对未来充满了乐观，我会好好地活下去。”唐沁微笑着说道，她还说自己最大的梦想就是将来能当一名空姐。“我曾坐过一次飞机，发现空姐们无论遇上什么意外总是能以甜甜的微笑面对，这很值得我学习。”

著名诗人顾城说过："黑夜给了我黑色的眼睛，我却用它来寻找光明。"命运一直藏匿在我们的思想里，战胜内心的阴影、战胜恐惧和悲观才能咬破人生的"纸龙"，走出被重重包围的可怕环境，最终找到人生的出口乃至生命的出口。

总之，人生路上的阴影就像纸龙，是虚的。不管是战场、商场还是情场，人们面对的劲敌往往不是对手，而是自己。只要战胜"坏"心理，手中就有了走出阴影的明灯。处在逆境中的你我是否也该如此？

热情，内心力量的"发动机"

很多事之所以在还没开始之前就已结束，或者明明事情刚开始进行得还不错，一到中途却突然停顿了下来，并不是因为它们真的有那么难，也不是碰到了什么瓶颈，最主要的原因是我们丧失了做事的热情。

因此说，"心"才是我们迈向成功之路的最大障碍。

试想，当你做某件事情的时候，总是抱持着事不关己的态度，连碰都不想去碰，又怎么能够去完成呢？恐怕所有在心中筹划已久的计划终将成为永远的幻想。如果事情进行到了一半热情渐退又会如何呢？不用说，自然是虎头蛇尾，徒然无功，成不了大事，与其如此，倒不如一开始就不做。

一位著名的营销家说过："无论你有多高的才能、有多少知识，如果缺乏热情就等于是纸上谈兵，终将一事无成。如果智能稍差、才能平庸，但能对自己的工作充满热情，那么，你就不会为自己的前途操心了。"

热情是不断鞭策和激励我们向前奋进的动力，它就像"发动机"一样，赋予我们一种积极的精神力量，能够把全身的每一个细胞都调动起来，让我们对自己所做的事充满信心，就算遇到重重困难和阻碍也能够心存希望、充满活力，表现出最坚强、最无畏的样子，进而取得不同凡响的成绩。

刚转入职业棒球界不久，法兰克·派特认为这个行业竞争激烈，自己不具备独特的优势，要想出类拔萃是非常困难的。不久他就遭到了有生以来最大的打击——他被开除了，老板给他的理由是："你的动作无力且无精打采的，哪像是一名职业棒球手，我认为你不适合我们这里。"

这是令人沮丧的事情，此后，法兰克感觉做什么事情都没有热情。后来，他的老师卡耐基先生一语道破："你对工作毫无热情，怎么可能做好呢?"这是一个重要的忠告，虽然法兰克付出的代价惨重，但还不算太迟，他决心改变自己。

进入纽黑文队后，法兰克下定决心要成为最热情的球员，并且他成功地做到了。一上场，他就像全身充足了电的勇士，他在球场上奔来跑去，快速、强力地击出高球。他以强烈的气势冲入三垒，那位内场接球的三垒手吓呆了，以致接漏了球，因此他盗垒成功了。第二天早晨的报纸赫然登着法兰克获胜的消息，上面是这样写的："这个新手充满了热情，并感染了我们的小伙子们，他们不但赢得了比赛，而且看起来情绪比任何时候都好。无疑，他是队里的灵魂。"

很快，法兰克成为纽黑文队的优秀球员之一，还被评为英格兰最具热情的球员。后来，他将这种热情投入到销售工作来，创造了一个又一个的奇迹，成为著名的人寿保险推销员。谈及自己的成功，法兰克说："在我十几年的推销生涯中，我看到很多人因为没有热情而一事无成，而我自己差点儿就成了他们中的一员。"

法兰克·派特弗在事业上有所成就，与其说是取决于他的才能，不如说是取决于他的热情。凭借热情，他战胜了内心的悲观，在烈日当空的酷热中超常发挥，在推销员这个平凡岗位上闯出一片天地。

的确，热情之于人生就像火柴之于汽油，如果没有一根小小的火柴将它点燃，那么汽油的质量再怎么好也不可能发出半点儿光、发出一丝热，而有了热情就不一样了，它能够引爆你的内心力量，用希望代替失望。

因此，不管何时何地，你都要保持高度的热情，最好现在就开始。如果能将它转化成为生活态度，你会发现自己的内心强大到可以战胜一切恐惧和悲观，由软弱、消极、优柔寡断的人变成积极的人，生活得也比较快乐。

需要指出的是，短暂的激情是毫无意义的，长久的激情才是有具大作用的。那些一开始充满了热情，遇到了各种不利的情况，热情被阻力磨损、被失败挫伤，对工作、对生活冷漠处之的人，称不上有真热情。

俗话说“真金不怕火炼”，热情是一种需要长期保持的品质。所谓长久的激情，就是指无论遇到什么苦难和阻碍都能始终如一地对自己的工作、自己的事务有坚定的热爱，始终如一地保持一份热情，随时带着希望上路。

比尔·波特是一个不幸的人，幼年因大脑受到了伤害，他的神志出现了一定的缺陷和障碍。长大后，福利机关将他定为“不适于雇用的人”，他去应聘的几家公司都无情地拒绝了他。但是，比尔从不自怨自艾，从未丧失生活的勇气和热情，他向每一家公司积极推荐自己，最终怀特·金斯公司的经理感动了，于是接纳了他。

从 1954 年开始，美国俄勒冈州波特兰城的居民们的眼前就天天上演着这样奇特的一幕：提着手提箱的比尔·波特从一扇门前艰难地跋涉到另一扇门前，他爬上楼梯，按响门铃，然后耐心地等待，脸上早已准备好了热情的微笑，几句经过深思熟虑的问候语也挂在嘴边。假如没有人前来开门，或者门开了又很快关上，他就转过身，仍然面带微笑，从容地向下一户人家走去。

刚开始，他的工作开展得并不顺利，第一个客户没有买他的商品，第二家、第三家也是如此……更糟糕的是，比尔每天花在工作和路上的时间共 14 个小时，等他晚上回到家时已经筋疲力尽了，关节痛、偏头痛经常折磨着他。

不过,比尔并没有放弃,也毫不沮丧,他依然每天出现在所负责的工作区域,热情地向顾客推销自己的产品。

渐渐地,顾客们对比尔从陌生到熟悉,视比尔为诚实的人、热情的人、坚忍不拔的人,也正是因此,他们开始乐意购买比尔的商品。当然,他们不是每次都需要比尔所推销的商品,而当他们认识到世界需要像比尔这样的人时,他们愿意支持比尔。就这样,比尔的业绩由小到大,节节攀升,赢得了公司有史以来第一份最高荣誉——杰出贡献奖,并成为美国怀特·金斯公司的特殊"产品"。

比尔·波特的成功说明了一个道理:热情不是空洞的口号和虚无的幻想,它体现在具体的行动中。在平凡的工作中、在平凡的岗位上,数年如一日,尽自己最大的努力尽职尽责地做事,这正诠释了热情的真正含义。

因此,别再怀疑热情的神奇力量了,它能够跨越性地把你全身的每一个细胞都调动起来,驱动你个人影响力的发展,而这股力量必将塑造出"悍马"般的心理,其结果必然是战胜悲观心理,与希望携手同行,从而获得成功和幸福。

所以,无论是在工作还是在生活中,请努力释放你的热情,用热情点亮你的魅力。而且,无论遇到什么困难都要记住保持热情,打开内心力量的"发动机",进而一次次感染和征服他人,品尝热情所带来的惊喜。

微笑使你从痛苦深处站出来

生活在凡尘俗世，我们免不了会遭遇这样或那样的痛苦：悄然逝去的爱情、突如其来的疾病、不约而至的灾难……当痛苦在我们的心里留下一道道隐形的伤痕，此时你会选择怎样的疗伤方式呢？

痛苦往往难以忘却，其中不少人会整天愁着一张脸，甚至悲痛万分、以泪洗面。可这样做有什么用呢？既浪费时间和精力又于事无补。要知道，你越是呻吟、越是哀叹、越是怒吼，内心就越痛苦。

唯一能战胜痛苦的就是微笑。乌云有散开之时，伤疤有愈合之日，重要的不是耿耿于怀、疚恨不已，而是强大自己的内心，勇敢地从痛苦深处站出来。再重的担子，笑着也是挑，哭着也是挑。再不顺的生活，微笑着就撑过去了，就是胜利。

俄国大作家赫尔岑说：“不会在快乐时微笑，也要学会在痛苦中微笑。”微笑，其实是一种面对生活的内在力量，是一种让伤口愈合的能力，更是一种让自己活得更从容、更淡定、更坚韧的智慧。

人，不能陷在痛苦的泥潭里不能自拔，

遇到可能改变的现实，我们要往最好处努力，

遇到不可能改变的现实，不管让人多么痛苦不堪，我们都要勇敢地面对，

用微笑把痛苦埋葬，才能看到希望的阳光，

有时候，生比死需要更大的勇气与魄力。

这段话摘自颇有影响的作家伊丽莎白·唐莉《用微笑把痛苦埋葬》一书。

伊丽莎白·唐莉曾经是一个深陷痛苦中的女人，不过后来她用微笑的力量战胜了内心的悲痛，走过了艰难岁月，撑起了一片朗朗晴空。

微笑着面对痛苦，失望就会化作希望。让我们一起来看看伊丽莎白·唐莉的故事吧。

“二战”期间，在庆祝盟军于北非获胜的那一天，家住美国俄勒冈州波特南的伊丽莎白·唐莉女士收到了国防部的一份电报：她的儿子在战场上牺牲了。这是她唯一的儿子，也是她唯一的亲人，那是她生命的全部啊。

伊丽莎白·唐莉无法接受这个突如其来的严酷事实，她的精神到了崩溃的边缘。她痛不欲生、心生绝望，觉得人生再也没有什么意义，于是她决定放弃工作，远离家乡，然后找一个无人的地方默默地了此余生。

在清理行装的时候，伊丽莎白·唐莉忽然发现了一封几年前的信，那是儿子在到达前线后写给她的，信上写道：“请妈妈放心，我永远不会忘记您对我的教导，无论在哪里，也无论遇到什么样的灾难，我都会勇敢地面对生活，像真正的男子汉那样能够用微笑承受一切不幸和痛苦。我永远以您为榜样，永远记着您的微笑。”顿时，伊丽莎白·唐莉热泪盈眶，她把这封信读了一遍又一遍，似乎看到儿子就在自己的身边，用那双炽热的眼睛望着她，关切地问：“亲爱的妈妈，您为什么不按照您教导我的那样去做呢？”

“告别痛苦的手只能由自己来挥动，我应该像儿子所说的那样，用微笑将痛苦埋葬才能看到希望的阳光。我没有起死回生的魔力改变现实，但我有能力继续生活下去。”伊丽莎白·唐莉一再对自己这样说，并打消了背井离乡的念头。后来，她打起精神开始写作，以《用微笑把痛苦埋葬》一书闻名。

“用微笑将痛苦埋葬，才能看到希望的阳光。”伊丽莎白·唐莉说得多好啊。这种微笑需要多么强大的内心做支持，才能支撑着她从痛苦深处站出来。伊丽莎白·唐莉的坚强与勇敢、豁达和乐观，深深打动了每一个人。

寒梅无法选择季节，但却傲视冰霜；秋菊无法选择时令，却代秋天发言；

人无法选择没有苦痛的命运，那就学会微笑吧，强大自己的内心，用微笑将痛苦埋葬，从痛苦深处站出来，心中便不再会有恐惧，其性也平，其情也安。

也就是说，在痛苦面前，如果你能够以强大的内心、开朗的微笑面对，绝对比绝望地痛苦更有成就感，更能充满继续生活的勇气和希望。给生命一个微笑，战胜各种“坏”心理，你便拥有了无可比拟的美丽和洒脱。

当遭遇痛苦时，你不妨对自己说：“告别痛苦的手只能由自己来挥动，我应该用微笑埋葬痛苦，继续顽强地生活下去，我没有起死回生的魔力来改变它，但我有能力继续生活下去。”

现在，请你挺起胸膛、舒展眉毛，就算命运中有再多的苦难，只要微笑，你会发现，内心的痛苦感逐渐消减，多了几分轻松的快乐；只要微笑，你就能跨越那些沟沟坎坎，就能改变命运，就能不枉此生。

就算弦断了，也要把曲子演奏完

阿姆斯特丹有一座15世纪的老教堂，在它的废墟上留有这样一行字：“事情既然如此，就不会另有他样。对必然之事要轻快地加以承受。”语句虽然简短，但是道理却很深刻，值得我们深究。

在漫长的岁月中，谁都会碰到一些意料之外的挫折或不幸。它们既然是这样，就不可能是那样。如果你不懂得解救自己，任自己深陷忧愁、恐惧等负面情绪之中，无疑是给自己的不幸又添上了一笔。

因此，你要学会乐于接受必然发生的情况、接受所发生的事实，这是克服随之而来的任何不幸的第一步。正如美国哥伦比亚学院院长赫基斯所说：“如果一个人能够把所有的时间都花在以一种很超然、很客观的态度去看待既定的事实的话,他的忧虑就会在知识的光芒下消失得无影无踪。"

有这样一个富有哲理的故事,名字叫《不要为打翻的牛奶哭泣》。

在美国某个中学里,一位女教师在和学生的相处中,发现这样一个问题:班上的许多学生都会为已经出来的成绩而感到不安,他们总是在交完考卷后充满了忧虑,或者是在发下试卷后对自己的分数不满。

有一天,同学们进入教室,发现老师的桌子上有一只装有牛奶的瓶子。老师宣布上课:"今天我要给你们上一堂这样的课,这堂课与学习英语毫无关系,可是与人生却有着密切的关系。"

接着,老师一巴掌将牛奶瓶打翻在地上,说:"这堂课就叫覆水难收、徒悔无益。"

学生们不明就里地看着老师。

老师解释道:"你们可以永远对这瓶牛奶感到惋惜,可是牛奶已经流光了,无论你们怎样后悔和抱怨都没有办法取回一滴。因此,在你们今后的生活中发生了无可挽回的事时,要记住接受它。"

的确如此,人生短暂,过往如云烟,一切都要靠自己掌控,幸福与否也全在我们的一念之间,超脱地面对尘世间的哀伤与泪水,携带一些微笑与淡然上路,才能迎来更为光辉灿烂的明天。

你也许以为自己办不到,但你要意识到你的内在力量坚强得惊人,它可以强大得屹立如山,遇风雨而不倒,只要你冷静地应对世间的千变万化,加以利用内心的力量,那么完全可以战胜一切"坏"的心理,将不幸转变为成功、奇迹与完美。

小提琴上的A弦断了,演奏还能继续进行吗?一般来说,演奏者在这种情况下会停下来,换一把提琴再演奏。如果不巧找不到另外一把适用的小提琴的话,那么这支曲子也就只好到此为止了。

不过,世界著名小提琴家欧利·布尔告诉我们演奏仍然能够继续进行,他那种“就算弦断了，也能把曲子演奏完”的气魄不可谓不强大，他那种“任凭风浪起，稳坐钓鱼台”的内心不可谓不强悍。当然，这也缔造了他的成功。

一次，欧利·布尔在法国巴黎举行了一场万人瞩目的音乐会。当时欧利·布尔演奏得非常投入，饱含深情，听众们也听得很入神，不料突然发生了意外状况：一首曲子还未演奏完，小提琴上的 A 弦却断了。

面对突如其来的意外，周围的人变得异常紧张，他们不知道欧利·布尔该如何“收场”。令大家惊异的是，欧利·布尔丝毫没有因此惊慌失措，只见他从容不迫地用另外的那 3 根弦演奏完了那支曲子，待他演奏完毕后，整个音乐厅回响起热烈的掌声。

后来，有记者采访欧利·布尔，问及这件事情，欧利·布尔淡淡地一笑，回答道：“要不然怎样呢？难道我就不继续演奏了吗？这就是生活，如果你的 A 弦断了，就用其他 3 根弦把曲子演奏完。”

按理说演奏中断了琴弦，这是让人最烦躁、最紧张的，但是欧利·布尔表现出了与众不同的镇定，他在最关键的时刻扬起了闪光的智慧宝剑，于是悲观、恐惧等被吓退、被斩断，他镇定从容、泰然自若地用剩下的另外 3 根弦演奏完了那支曲子，从而缔造了一场无人能及的完美演出。

幸运和不幸是同时存在的，关键是你如何面对和应对。当挫折或不幸突然降临时，不要再让悲观消极的心理左右自己，学会强大自己的内心，用很超然、很客观的态度去看待，告诉自己一定会有办法解决，那么此时就是挫折或不幸离去之时。

第6章 借助暗示和小成就引导自己内心的强大

不管做什么事情，遇到的境遇如何，至少让自己做成功一件事，然后成功的事情就会越来越多。

勇于正视他人的目光，使内心变得强大而自信

单位里新来了个大学生，文笔优美、工作能力强，唯一的不足就是他不敢正视别人。与人交谈的时候，他好像做了错事，眼神游离、神情慌张，看对方一眼就慌忙低下头，或是扭头转脸、环顾周围……

相信你也遇到过这样的人。你跟他们交往时有什么感受呢？你会不会想，他在逃避什么呢？是害怕还是害羞？还是做了什么对不起人的事？你是不是也会对他没多少好感？感到跟他在一起一点儿也不轻松？

实际上，不敢正视别人，暗示你也不敢正视自己，说明你内心力量微弱，有着强烈的不自信，将身心缩进"龟壳"了，如此一来，即使你无比渴望释放自己的能量，也会因心灵力量薄弱而错过机会，得不到他人喜爱，还容易让人误解，以致在人际交往中举步维艰，最终只能蜷缩在一个人的世界中。如果你也有这个毛病，那就快快改掉吧。

有什么好方法吗？很简单，就是暗示自己要自信、要放松，在与人交谈的时候在心里默念："我心里坦坦荡荡，我很自信，我不怕别人正视。"勇于正视对方的眼睛，并且要专注一点。

众所周知，与人交谈时正视对方的眼睛是一种基本的礼貌，它暗示了你是坦诚的，对他人是郑重、尊重、信任和坦诚的，而且能够引导内心的强大，令你增加自信和胆魄，然后成功的事情就会越来越多。

在华盛顿一个著名贵族举办的豪华宴会上，IBM 公司的柯马·凯布出尽了风头，不但令在场的所有女士都对他倾心不已，所有男士也都对他抱着极大的兴趣和好感。毫无疑问，他是全场的焦点人物。

但谁也没有想到，一年前凯布还是个“讨人厌”的小人物，为了发展客户，他总是千方百计地弄到宴会邀请信，但每次他都表现得极为羞怯和惧怕，闪躲的眼神、游移的目光……就像一个从未到过城市的乡巴佬。结果显而易见，人们给凯布的印象分是零，甚至根本没有人在意他。

因此，凯布受到了沉重的打击，他沮丧地向心理学家卡索夫教授求助。卡索夫教授拥有一双犀利的眼睛，能看穿任何人的心事，他笑着说：“凯布，你得学会暗示自己直视别人，并让他们熟悉你，不然你就会被社会所抛弃。”

不！凯布站起来，来回踱步，重新思考自己。他作了一个重要的决定：“我心里坦坦荡荡，不能再紧张了，勇敢地正视别人吧。”通过心理暗示，凯布昂首挺胸地走进宴会大厅，他的眼神不再闪躲，而是热情地注视着别人，与之交谈。渐渐地，那些人忍不住被凯布吸引了，投予了他赞赏和倾慕的目光。

不久，凯布征服了整个华盛顿的上流社会，他的年销售额最高达到了78万美元，创下了单人销售纪录，而且连续4年居于北美区首位，受到了公司总裁的表扬，他还找到了终身伴侣——一个名叫博丝的美丽女子。

由此可见，眼睛是心灵的窗户，往往决定着你对他人的吸引力和凝聚力是否足够强大。暗示自己有勇气正视别人，这种足够慑人的力量就能打开这扇窗口进入到别人的内心世界，获得别人的认可和好感。

此外，每次与对方交谈时，你还要暗示自己注重事情本身，不要过多地考虑谈话过程中自己的表现，也不必过度在乎对方是否关注自己。你可以对自己说：“谁也不会专门盯住我、注意我一个人的。”从而摆脱那种过多考虑别人思维的方式。

由此不要再紧张了，深呼吸，让自己放松下来。

你可以小处做起，先由短暂的目光接触开始，从最谈得来的好朋友开始，从观察他的眼睛开始，从中发现他有没有热情、有没有诚意、有没有欣喜、有没有智慧等，这样就能逐步克服不敢正视别人的心理障碍。

还有一种更简单的方法：先不要试着正视别人的眼睛，以对方的眼睛为界限，盯住对方的额头或者鼻子、双眼与嘴部之间的区域。这样不但可以让对方感觉到你真诚，还会营造一种亲切轻松的气氛。

总之，“我心里坦坦荡荡，我很自信，我不怕别人正视。”每天用这样的暗示鼓励自己两三分钟，悄然在心中为自己加油，引导内心的强大，你就会有勇气正视别人的眼睛，如此，与人交谈、接触就会变成一件轻松快乐的事。

给心“注入”积极的心理暗示

如果你觉得自己不是成功人士，那么你肯定多多少少有过这样的疑问：为什么能力相差无几、学历和经历相同、年龄相仿的两个人，成就相差那么大？是社会对自己不公吗？是自己的运气不好吗？

诚然，一个人的发展与外界有着密切的关系，但是关键在于你自身。很多时候，你是不是应该思考一下自己是否经常自甘堕落、自甘失败、自甘平庸，而很少给自己注入积极的心理暗示？

有这样一句话：“人与人之间本来只有很小的差异，但这很小的差异却往往造成巨大的不同。”在这句话里，巨大的不同就是指一个人的人生是成功、幸福还是平庸、不幸，而原本很小的差异就是凡事所采取的不同心理暗示。

你也可以这样理解：我的内心是这个世界上最强的“磁铁”。当一个人的注意力或是所有的能量都集中在某一个方面的时候，无论这种注意力是积极的还是消极的，我们都能吸引着它们成为自己生活的一部分。电影《倒霉爱神》恰恰给我们展示了这个事实。

电影的女主人公艾什莉好似上帝的“宠儿”，她始终受着生活的眷顾。毕业后她不费周折就在一家知名的公司做了项目经理，她随便买一张彩票就能够中头奖，在繁忙的纽约街头想要搭计程车，很快就有好几辆车都向她驶来……她的生活和工作可谓是一路畅通，惬意而幸运得让人忌妒。

然而，男主人公杰克好似世上的天煞霉星，有他出现的地方就有霉运，医院、警察局、中毒急救中心是他经常光顾的地方。新买的裤子看上去好好的，可一穿就断线；工作上他更没有艾什莉那么幸运，他不过是一家保龄球馆的厕所清洁员。

看到影片中这些零碎的片段时，众人不禁哑然失笑，但也会感慨：同样是人，怎么差别这么大？其实，这不是运气的问题，而是心理暗示在发挥作用。艾什莉的内心充满着对好运气的渴望，这种渴望促使着她去感受美好、追求快乐，因而她的感觉越来越好。反观杰克，他潜意识里不断地提醒自己，很快就有霉运来了，于是，正如他所想的那样，倒霉的事真的接二连三地来了，而且想甩都甩不掉。

我们常说：“种豆得豆，种瓜得瓜。”同样，在思维里种下怎样的暗示种子，你就会处于一种怎样的状态。积极的心理暗示能引导内心的强大，把不自信变成自信；而消极的心理暗示则会损耗内心的力量，不顺的事情自然而然就产生了。

相信你一定常听到这样的对话：“我不能喝咖啡，它会让我晚上失眠”、“我不能吃鸡蛋，它会让我拉肚子的”、“我不能坐飞机，会吐。”事实上，这些并非身体的真实反应，而是你潜意识的观念。一旦你置身于这些环境，你的身体会立刻随潜意识启动这些程序，接下来，自然会出现“你所预料的”反应。

因此，如果你不想让倒霉的事情主导自己的生活，那就要尝试着从心理暗示方面做出一些改变。给自己的心“注入”积极的心理暗示，相信你所做的一切都会朝着好运的方向发展,你会发现大脑变得活络起来,内心产生了连自己也意想不到的力量,你自然也会享受到惬意美好的生活。

假设你想成功,就应该不断地重复念叨:“我很成功,我一定会成功。”假设你想赚钱,你就说“我是超级大富翁,我很有钱”;假设你想人际关系好,你就说:“所有人都喜欢我,每一个人都给我微笑……”

在第23届洛杉矶奥运会上,人们发现了这样一件“奇怪”的事情:日本运动员具志坚幸司每次比赛出场前总要紧闭双目,口中念念有词,像念咒语似的。更奇怪的是,那届男子体操决赛中,美国体操明星麦克唐纳、康纳斯和其他运动员等相继失手,唯独具志坚幸司一路发挥正常,最后夺得全能冠军,实现了他为之奋斗16年的心愿,他还在吊环、跳马和单杠项目中分别获得金、银、铜牌各1枚。

比赛结束后,具志坚幸司上场前口中默念的“咒语”成了许多人关注的谜,纷纷猜测不止。有一位记者采访具志坚幸司时,更是很明确地问到了这件事情,但具志坚幸司笑而不答。事后,具志坚幸司对自己的朋友们说,其实自己默念的内容并不神秘, 也不是什么咒语, 无非是运用了积极的心理暗示,告诉自己:“我不紧张,我一定会做好这套动作”、“我勇敢,我会取得成功的……”

正如詹姆士·艾伦在《人的思想》一书中所说:“要是一个人把他的思想朝向光明,他就会很吃惊地发现,他的生活受到很大的影响……一个人所能得到的正是他们自己思想的直接结果。有了奋发向上的思想之后,一个人才能奋起、征服,并能有所成就。”

就连大发明家爱迪生也深信暗示的力量, 他曾在工作日志上写道:“我相信自己会成功的,我知道自己一定行,我会发明电灯的。”在坚持了上万次的实验之后,他终于成功研制出了世界上第一盏电灯。

时刻用积极的暗示鼓励自己,像艾什莉、具志坚幸司、爱迪生那样常对自己说:"我是最好的"、"我是最棒的"、"我一定能够成功……" 这些暗示均会引发强大的内心力量,进而产生一种不达目的誓不罢休的执著。

记住,没有人知道未来会如何,面对各种各样的困境或竞争,我们可以输给环境,也可以输给对手,但决不可以输给自己。心理暗示可能值不了多少钱,但只要你坚持下去,它就会迅速升值,创造意想不到的效果。

告诉自己"我很重要"

你是不是有过类似这样的经历:比如,你和一群人经过促销柜台,促销员给了每一位顾客试用商品,唯独你"落单"了;你工作认真勤奋,不怕苦、不怕累,但总得不到重视,加薪、升职的事情总也落不到自己身上?

遇到这样的情况时,大多数人或多或少会感觉自己被忽视、被忽略,甚至被轻视,于是会自问:"凭什么?当我不存在吗?"为什么别人会当你不存在呢?换作又流行又哲学的表达方式,这是因为你的存在感太弱。

存在感是什么?简单地说,存在就是一种感觉,即无论我们走到哪里,身处怎样的场合之中,都希望得到他人的关注,得到很好的肯定和表扬,使自己感觉被重视,从而获得一种心理上的满足。缺少了这种存在感,人的内心就会感到失落。

为什么有些人会没有存在感呢? 这是因为, 我们从小受到的教育都是"我不重要",忽视了个体尊严和个体价值,内心力量不够强大,在潜意识中总是习惯看轻自己,如此别人自然也会看轻我们。

因此,我们应该大声地说"我很重要"以此来获取内心的存在感。

的确,一个人的存在感强不强、内心力量够不够,其本身是要负很大责任的。没人能替你活,也没人能真正对你负责,独立的人要自己撑起自己的一片天,营造一个属于自己的天堂,这不是乌托邦,一切都是可以实现的。

试想,当你经过促销柜台,不妨告诉自己“我很重要”,主动地和促销员请求试用商品时,她肯定不会再忽略你;如果你真的工作认真勤奋,又能将工作做得非常出色时,你可以肯定自己的价值,如此存在感增强了,内心也就如“悍马”般强大了,用自身的力量给对方带来强烈的震撼。

告诉自己“我很重要”,这是在自我肯定、自我激励、自我成长……如此,一个人内心的力量可以得到进一步的释放,调动自身的积极性,行为充满了力量。凡是获得成功的人,大多心中有着“我很重要”的强烈信念。

“二战”后受经济危机的影响,日本各个工厂的效益都不景气,各个阶层的失业人数陡增。一家玩具生产公司濒临倒闭,为了减少成本支出,经理决定裁掉“不重要”的人,3 种人名列其中:清洁工、司机、无任何技术的保安人员。随后,经理把这些人叫到了办公室,找他们谈话,说明了自己裁员的意图。

“经理,您不能辞退我们,我们很重要!”清洁工第一个站出来反驳道:“是的,我们很重要。如果没有我们打扫卫生,没有清洁优美、健康有序的工作环境,工厂的员工们怎么能全身心地投入工作呢?”

“经理,您也不能辞退我们,我们也很重要!”司机也站了出来说道:“我们生产的产品大部分是要销往外地市场的,没有我们司机去运输产品,公司也就失去了市场,公司还怎么发展呢?您说是吧?”

“他们都很重要,但我们也很重要,您也不能辞退我们。”保安人员挺直了身板,一字一句地说:“我们很重要,战争刚刚过去,许多人流落街头,如果没有我们,这些产品岂不要被流浪街头的乞丐偷光!”

听完这些话,经理觉得他们说得都很有道理,权衡再三,他决定不裁员,重新制定管理策略。他命人在厂子门口悬挂了一块大匾,上面写着:“我很重要!”只要一进厂子第一眼看到的便是这4个字,因此不管一线员工还是白领阶层工作起来都非常卖命,一年后这家工厂走出了困境,成为日本有名的公司之一,员工们也大获其利。

有了绿叶的衬托,鲜花才显得愈加迷人,于是绿叶说:“我很重要。”有了满天闪闪繁星做伴,月亮才显得更加皎洁明亮,于是星星们说:“我很重要。”有了鸟儿们的啼叫,森林才显得更有活力,于是鸟儿也说:“我很重要。”

也许你很平凡、很普通,没有干出惊天动地的伟业创举,但这并不是断定你是否重要的依据。要知道,每一个生命来之不易,我们要珍惜与热爱自己的生命,还要承载自己的责任、接受与付出爱。

对父母而言,我们是他们慈爱的对象、幸福的中心;对爱人而言,我们是他们相濡以沫的同道;对子女而言,我们是他们的靠山和慰藉;对朋友而言,我们是可以敞开心扉倾诉的对象;对事业而言,我们是其独具匠心的一分子……

面对这么多无法拒绝的理由,我们没有权利和资格说自己不重要,而应该有勇气告诉自己——“我很重要”。通过这种心灵暗示,引导自己内心的强大,任何时候都不要看轻自己,要无比重要地生活。

只要自己不看轻自己,引导自己内心的强大,别人就不敢小瞧你,成功也会越来越多。是的,“我很重要”,经常如此暗示自己,很多时候你的人生会由此揭开新的一页,绽放出美丽的光彩。

最后,让我们一起聆听当代作家毕淑敏的心灵呐喊——《我很重要》。

我很重要,我对于我的工作、我的事业是不可或缺的主宰,我独出心裁的创意像鸽群一般在天空翱翔,只有我才捉得住它们的羽毛,我的设想像珍珠一样散落在海滩上,等待着我把它们用金线栓起。我的意志向前延伸,直到地平线消失的远方……

“我很重要”,我对自己小声说,我还不习惯嘹亮地宣布这一主张。“我很重要”,我重复了一遍,声音放大了一点儿,大声地对世界这样宣布。我听到自己的心脏在这种呼唤中猛烈地跳动,我听到山岳和江海传来回声。

是的,我很重要,我们每一个人都应该有勇气这样说,我们的地位可能很卑微,我们的身份可能很渺小,但这丝毫不意味着我们不重要。重要并不是伟大的同义词,它是心灵对生命的允诺。

……

坚信自己一定能够获取成功

人人都渴望取得成功,梦想成为人生的赢家,但许多人都在不知不觉中秉持着一个信念:成功是少数人能够做到的事情,多数人是不可能成为赢家的,并且十有八九不由自主地把自己划归到“多数人”当中。

仔细思考一下,你也在其中之列,你也这么认为吗?

如果是这样,那你的内心必然会被消极的暗示所占据,你会免不了地担忧和害怕,怀疑自己能否真的做好,“不可能”便成了你为各种障碍所找到的“合理”解释,结果导致内心孱弱无力,即使你真有能力也可能不行。

难道真如我们所认为的,成功是“不可能”的吗?事实上,是决心而不是环境在决定我们成功。你最终能否取得成功,一切均取决于你自己。思想大师爱默生说得好:“相信自己‘能’,便攻无不克。”

有什么样的决心,就会有什么样的态度。

有什么样的态度,就会有什么样的行为。

有什么样的行为,就会有什么样的结果。

的确,不管在怎样的境况下,愿意相信自己“能”,始终相信自己是一个成功者、认定自己是赢家、从来都不怀疑自己的人，他们的内心会被注入一股巨大的力量，引发一系列积极的反应，最终得偿所愿。

人能在4分钟内跑完1英里(1英里=1.6093公里)吗?1954年之前，人人都认为不可能。但英国选手罗杰·班尼斯特却打破了这个观念，他是如何打破“不可能”的魔咒的呢?就是因为他懂得和自己说“是的，我能”!

1945年瑞典人根德尔·哈格跑出4分01秒04的“极限”成绩，此后8年没人能够超越这个成绩，而且所有人都认为自己做不到。在这沉寂的8年中，就读于牛津医学院的罗杰·巴尼斯特发誓要突破4分钟极限。尽管遭到了别人“不可能”的否定，但巴尼斯特却时常这样告诉自己：“是的，我能!”他独自坚持训练着，风雨无阻。

终于在1954年5月6日，巴尼斯特打破了关于“极限”这个概念。当他冲过终点线时，比赛现场的广播员激动地说道：“新纪录诞生了，这是新的欧洲纪录，也是新的世界纪录，时间为3分59秒04，巴尼斯特突破了不可能的障碍，成为了人类突破自身极限的永恒象征。”

那一晚上，巴尼斯特出现在伦敦电视台。对于自己的成就，他很淡然地说：“人类的精神就是永不服输的精神，我深信自己能够打破这个纪录，并不断地这样暗示自己，久而久之便形成了极为强烈的信念，最终实现了这个‘不可能’。”

因为始终相信自己，经常用“是的，我能”提醒自己，罗杰·巴尼斯特不畏惧困难，艰苦训练，最终成功打破了世界纪录，赢得了众人的尊重和欣赏。人生如此，该是何等的洒脱、何等的惬意。

世界上没有一件事是“可能”的，也没有一件事是“不可能”的，事情一开始谁都不知道结果怎样，“李宁”广告词说得好：“一切皆有可能。”即使我们真的碰到了“不可能”，也只是暂时没有找到解决问题的方法而已。

不知你是否听说过“意焦”这个词，它是心理学上的一个术语，所谓“意焦”即指注意的焦点。如果我们的意焦集中在“可能”上，接下来我们必定会穷尽一切可能“找方法”，而不是“找借口”，进而取得成功。

瑞恩·希里杰克是加拿大一个普通的男孩，一天，这个一年级的小学生听老师讲述了非洲的生活状况：非洲的孩子们没有玩具，没有足够的食物和药品，很多人甚至喝不上洁净的水，成千上万的人因为喝了受污染的水而死去……一放学，他就迫不及待地冲进家，对妈妈说：“70 加元就能帮非洲人打一口井，妈妈，您能给我 70 加元吗？”

“不，瑞恩，70 块钱太多了。”他的妈妈不得不直接告诉他，“我们负担不起。”妈妈期待瑞恩会慢慢淡忘这件事，但他每天睡觉前都祈祷能让非洲人喝上洁净的水。无奈之下，妈妈让瑞恩在承担正常家务之外自己挣钱，吸两小时地毯挣两加元，帮家里擦玻璃赚两加元，帮邻居捡暴风雪后落下的树枝……

瑞恩坚持了 4 个月，终于攒够了 70 加元，交给了相关的国际组织，然而对方告诉他：70 加元只够买一个水泵，挖一口井要 2000 加元。妈妈叹了口气，对瑞恩说：“靠干家务怎能赚那么多钱呢，孩子，你已经尽力了，但你真的不能改变什么。”

“不，我能，”瑞恩态度坚决地说道，“只要每个人都做出努力，就能够改变世界。”瑞恩思虑再三，决定找同学们帮忙，他在讲桌上放了一只水罐，让大家把自己节省下来的零钱放进去，他还请求妈妈给家人和朋友发了电子邮件，很快便有人回信了：“我很感动，我想捐一些钱帮助瑞恩。”一个记者觉得这是个激动人心的故事，应该登报发表，不久，瑞恩的故事出现在肯普特维尔《前进报》上，题目就叫《瑞恩的井》。

就这样，瑞恩的故事开始迅速传遍加拿大，人们被其深深感动了，纷纷加入到“为非洲孩子挖一口水井”的活动中。5 年过去了，这个梦想竟成为千百人的一项事业，因此，在缺水最严重的非洲乌干达地区，有 56%的人能够喝上纯净的井水了，这个普通的男孩儿瑞恩也被媒体称为“加拿大的灵魂”。

由此可见，在做事情的时候，我们一定要先撇开“不可能”的桎梏，利用“是的，我能！”的暗示，反复激发自己的信心，将意焦集中在“可能”上，思考自己是否真的想尽了一切办法、穷尽了一切可能。

需要指出的是，“是的，我能！”不是夜郎自大、得意忘形，更不是毫无根据的自以为是和盲目乐观，而是激励自己藐视困难，将自我怀疑转化为自信，从而保证自己以高昂的斗志迎接各种困难和挑战。

你想拥有“悍马”般强大的内力吗？你想取得辉煌的成就吗？那就在心里多念几次“是的，我能！”将之运用到实际生活和工作中去，如此你会发现，你也可以成为内心强大的人，成功没有什么不可能。

想象，成功者最好的“工具”

人最大的力量不是来自于生理和身体，而是源于心理暗示，这种力量是最强大、最神秘的且潜力无限，可影响一个人的感受，改变人一生的走向。因此，你要敢于探索它，其中，想象是最好的工具。

当医生用小锤子敲击你的膝盖时，你的小腿就弹起来，这就是膝跳反应。人体还有另外一种本能的反应，当觉得自己是个成功者时，内心会不自觉地强大，挺胸昂头，嘴角露出微笑，眼神也变得坚毅起来。

某杂志前几年曾报道过一个中学篮球队的故事。

有几名科学家进行了一项实验，他们把水平相似的队员分为两个小组，告诉第一个小组停止练习自由投篮一个月；第二组在一个月中每天下午在体育馆练习一小时；第三组在一个月中每天在自己的想象中练习一个小时投篮,而且暗示自己投出的球都是成功的。

1 个月后,3 组队员进行了投篮考试,结果,第一组的投篮水平由 39%降到 37%,第二组由于在体育馆坚持了练习,平均水平由 39%上升到 41%,第三组由于在想象中练习,平均水平却由 39%提高到 42.5%。

这真是很奇怪,为何想象中的练习比真正的练习的命中率还高呢?你一定很费解,其实很简单,这是积极暗示心理的奇妙之处。暗示是成功不可或缺的因素,想象是成功者最好的"工具",这并非迷信,而是一种科学。

其实成功者就像是第三组球员, 他们善于通过想象暗示自己是一个成功者,不断地创造或者模拟着他们想要获得的经历,结果他们内心的力量得到了增强,成功的事情越来越多,最后真的成为了成功者。

有句话在无数的励志书中出现,这句话就是:"生动地把自己想象成失败者会使人不能取胜, 生动地把自己想象成胜利者将带来无限的成功。伟大的人生始于你想象中的图画——你决定要成为什么样的人, 或是被暗示成什么样的人,意志或者动机的驱动力就会使你做那样的事情、成为那样的人。"

美国"投资之神"沃伦·巴菲特的成功就是最好的证明。

1930 年,沃伦·巴菲特出生在美国西部一个叫做奥马哈的小城。他出生的时候,父亲因为投资股票而血本无归,家里生活非常拮据。看着父母每天为衣食犯愁,5 岁的巴菲特产生了一个执著的愿望: 他要成为一个非常富有的人。他拿着铅笔在纸上写下这样一行字:"虽然我现在没有太多的钱,但是总有一天我会很富有,这些数字代表着我未来的财产,我的照片也会出现在报纸上的。"

巴菲特在青少年时期从事了很多种职业:销售过饮料、做过杂货店小伙计、送报员以及高尔夫球童员,9 岁的时候他开了两家公司专门从事二手弹子机出租生意和出售二手高尔夫球,生意很是红火了一段;11 岁时,他以每股38美元的价格买了3支城市设施优先股，并赚到了他的“第一桶金”——5美元；1945年，14岁的巴菲特用自己赚来的钱买了40英亩的土地，变成了小地主。

1957年，巴菲特掌管的资金达到30万美元，但年末则升至50万美元；1962年升至720万美元，1964年升至2200万美元，1967年升至6500万美元……79岁时，他的资产已高达620亿美元，是迄今为止最成功的投资家，在世界投资史上无人企及。这真是个奇迹，在市场专家、华尔街经纪人们看来简直是一件不可思议的事情。

提及自己的成功，巴菲特解释道：“我的成功并不复杂，少年时代我有一本爱不释手的书——《赚到1000美元的1000招》，这本书用一些白手起家的故事来激发人们创造财富的欲望。那时候，我总是沉醉于创业成功者的故事里，想象着自己未来的成功景象：站在一座金山旁边，自己显得多么渺小。如此，我总会发现自己有了一种从来没有过的自信，刺激着我不停地奔向成功。”

拥有好的心态才会有一个好的结果。将自己想象为成功者，对自己的能力抱有信心比缺乏信心的人更有可能获得成功的青睐，有句话是这样说的：“不想当将军的士兵不是好士兵。”这句话适应于各行各业。

借助自我暗示的力量，把自己先想象成成功者，你才有可能成为一个成功者。花点儿时间想象一下，现在你正坐在豪华的办公室或会议室，正在统筹规划公司的发展远景，也可以想象随之而来的巨额报酬和发号施令的权力……这些都有助于你保持心情舒畅，保持强有力的自信心。

还有一种有效及简单的想象方法，以成功者的姿态出现，将身体伸展成一条完美的直线，昂首、挺胸、四肢自由舒展。如果你认为成功者需要精致的钱包和名贵的衣服，那么不妨从今天起设法穿戴上这些象征成功的东西，它们会使你此时此刻就感受到成功，也会使你在别人面前更显得是个成功者。

成功者到底每天在想什么?成功者每天在做什么?复制成功者的想法,复制成功者的行动,每天花两分钟时间做一做,这样坚持下来,你内心的力量将得到引导和开发,引导你慢慢接近想象中的成功。

每天进步一点点,从平庸到卓越

成功是一个无比漫长的过程,卓越者之所以成功,平庸者之所以失败,其差距不仅仅源于个人能力的高低,更在于耐心和坚持。成功者往往坚持每天进步一点点:今天比昨天进步一点点,明天比今天进步一点点。

中国有句古话:“合抱之木,生于毫末;九层之台,起于累土。”无论做什么事情都要有一个循序渐进的过程,质变的飞跃离不开量变的累积。欲速则不达,想一蹴而就,一口吃个胖子肯定行不通。

每天进步一点点,听起来好像没有冲天的气魄,没有感人的情景,没有壮观的声势,可是每天进步一点点,只要进步就肯定自己,对自己多一些鼓励和支持,势必会引导内心的强大,使步伐迈得更快、更大。

美国颇负盛名,被称为“传奇教练”的篮球教练约翰·伍登,就是坚持以“每天进步一点点”这个执教之道引导了自己和队员们积极向上的精神面貌,从而实现了从平庸到卓越的完美蜕变。

加州大学洛杉矶分校以年薪120万美金聘请了伍登,他们希望伍登能够通过高明的训练方法帮助队员们提升战绩。但是,伍登来到球队之后却没有什么独特的训练方法,而是对12个球员这样说道:“我的训练方法和上任教练一样,但是我有一个要求,你们可不可以每天罚篮进步一点点、传球进步一点点、抢断进步一点点、篮板进步一点点、远投进步一点点、每个方面都能进步一点点?只要进步一点点,我就会为你们鼓掌。”

天啊,这是什么训练方法?负责人在心里偷偷捏了一把汗。不过,很快他就改变了自己的态度,他不得不佩服起伍登来,因为在新季度的比赛中,加州大学洛杉矶分校大败其他球队,取得了夸张的88场连胜,7次蝉联全国总冠军。

曾经有记者问他:“伍登教练,你被大家公认为有史以来最称职的篮球教练之一,请问,你是如何做到的?”

“很简单,”伍登很愉快地回答,“每天我在睡觉以前都会提起精神告诉自己:我今天的表现非常好,而且明天的表现会更好。这样不断地对自己进行肯定,自然就能越做越好。我想,队员们和我一样。”

“就这么简单吗?”记者有些不敢相信。

伍登坚定地回答:“听起来很简单,但是又不简单。要知道,这句话我可是坚持了20年之久,重点和简短与否没关系,关键是在于你有没有持续去做,如果无法持之以恒,就算是长篇大论也没有帮助。”

……

伍登的成功诀窍就是每当自己和队员有一点点进步的时候,就给予鼓励和支持。无疑,靠这种方式激励了人心,在不动声色中缔造了一个个“悍马”般的心灵,一点点的进步实现了质的飞跃,创造了震撼人心的奇迹。

每天进步一点点,没有不切实际的妄想,只是在有可能眺望到的地方奔跑和追赶;也不需要付出太大的代价,只要努力就可以达到目标。只要进步就肯定自己,使内心踏实,步履稳健,迎接明天的太阳时就不会心虚。

事实上,不断进步的过程就是一个不断肯定自我的过程。今天进步一点点,明天也进步一点点,不断地对自己进行肯定,你就能积累一种超凡的技巧与能力,获得强大的内心力量,获得更多的资源和平台,从而进入卓越者的行列。

美姗身材瘦小，貌不惊人，而且只有大专文化水平，却有幸在一家较有名气的外资企业任文员。刚进公司的那段日子是最难熬的，老板只把美姗当成一个只会干杂事的小职员，不停地派些零七八碎的事情让她做，从来没有表扬过她。

美姗自知自己学历低、经验少，但她不允许自己的人生这样“惨淡”，于是她除了把工作做得周到细致外，不断地学习，只要有空就认真翻阅琢磨自己所能见到的各种文件，她坚定地相信：“只要我每天多学习一项业务我就是好样的，有一点儿进步就是胜利。”美姗就这样不断地激励自己，一年后，她对公司的业务了如指掌，她的自信心也强大起来了，这为她进入通畅的良性工作循环状况做了坚实的准备。

美姗的自信和业务水平让老板刮目相看，不久就提拔她做了秘书，负责公司的日常事务。秘书需要协调各方面的资源，帮助老板处理很多的问题，还有很多事情要学，这一切都是她之前没有接触过的，怎么办呢？于是，美姗又报考了职业培训班，风雨无阻，她每天都会鼓励自己：“今天我又学到了新知识，我是好样的，我会越来越棒的。”

现在，美姗不仅已经成为一个内心强大的人，还很有影响力。老板不但完全肯定了美姗的工作能力，而且有时还愿意听从于她的“发号施令”。对于自己的成功秘诀，美姗给出的答案是：“没有什么，就是每天进步一点点。”

成功不是偶然的，是要付出努力的。恰如烧水，99℃的热水和100℃的开水就不一样。只差1℃也是没开，这不是因为天气太冷，而是火候未到。没有获得成功，一定是量的累积不够，没有量的变化哪有质的飞跃？

若想成为卓越者，你就要牢记“只要努力就值得肯定，有一点儿进步就是胜利”的理念，哪怕是1%的进步也要肯定自己，引导内心的强大，给成功添一把火，迈过从量变到质变的“分水岭”。

人生是一个追求比昨天更卓越的过程，只要我们每天进步一点点，那么一年就进步365个一点点，持之以恒地这样做下去，让我们人生中的每天都处在成就感中，那种感觉一定是美妙而快乐的。

第7章

保持安定与平静，为动荡的心“减震”

内心的强大是不纠缠、不羁绊的状态，无牵无挂、不计较、不被琐事烦扰的心灵才能轻舞上天堂。

克服浮躁，绝不做“井里的葫芦”

做学问的人不愿沉下心搞研究，盼着能中到一张百万彩票，撞上天上掉馅儿饼的美事；当作家的人不甘心、不愿意孤独地埋头写作，希望能侥幸一夜之间成为名人；一些女人盼着嫁个有钱人，以便少走些弯路，过上无忧无虑的舒适生活……

这一切的背后是什么？浮躁。所谓浮躁，就是心浮气躁。浮躁是一种心气，心不稳、气不沉，受到外界耳濡目染的冲击，内心的“功力”不济、“底气”不足，心就会为外界所影响，丧失安定宁静的定力，出现浮躁情绪，大体表现为躁动不安、不切实际、眼高手低、好高骛远、急于求成等。

古人云：心浮则气必躁，气躁则神难凝。浮躁容易使人干什么事都俯不下身子、坐不热凳子、耐不住性子，即使身“入”了，心也难“入”。这就像是井里的葫芦，看起来沉下去了，实际还浮在水面上。

一个年轻人决定剃度为僧，剃度时他信誓旦旦地向住持表示自己要皈依佛门，但才念了不到一个月的佛经就受不了寺院生活的单调乏味，便还俗去了。一个月后，他一把鼻涕一把眼泪地要求重入佛祖门下。住持心生慈悲，就答应了。3个月后，他又嚷嚷说佛门冷清留不住人，便又一次开溜了。

年轻人如此闹腾了好几次，住持很是纠结，留与不留都让他感到烦恼。后来，他想出了一条妙计，对年轻人说：“这样好了，你不如在寺院门口开个茶馆，做个不染红尘的还俗和尚。”年轻人听了很是高兴，便真的在寺院门口开了个茶馆，后来又娶了个老婆，开心地生活起来，当然他也没领会到佛门真经。

这位年轻人总是被红尘的繁华纠缠、羁绊着，不堪忍受单调乏味的寺院生活，他的内心如此没有定力怎能静悟佛道的深奥？住持也实在是高明，像这种不能脚踏实地、耐不住性子的人只能安排他做一些无多大意义的事情。

俗话说"成以敬业，毁于浮躁"。成功往往不会一蹴而就，而是需要一连串的奋斗。因此，我们若想有所成就，就必须为动荡的心"减震"，克服浮躁的心态，不被各种琐事烦扰，保持内心的安定与平静。

诸葛亮有句名言："淡泊以明志，宁静以致远。"使自己的心平和宁静下来，使心态保持在明澈淡然的境界，真正沉下心来、俯下身子，扎扎实实地做好手头上的事，心中的"葫芦"才能沉入水中，知晓水下有无污泥或顽石，才能知晓水有多深。

《世说新语》上有一则小故事，很有启发性。

三国时期，春秋名相管仲的后代管宁外出游学，与平原高唐（今山东禹城西南）人华歆结为好友，两人成天形影不离，同桌吃饭，同榻读书，同床睡觉，相处得很和谐。唯一不同的是，管宁沉静，华歆浮躁。

有一次，两人正同坐在一张席子上读书，忽然门外有一位达官显贵的仪仗队伍经过，锣鼓震天，中间夹杂着鸣锣开道的吆喝声和人们看热闹时吵吵嚷嚷的声音。管宁"读如故"，对外面的喧闹声完全充耳不闻；华歆却按捺不住，不停地张望窗外，后来连书也不读了，干脆跑到街上跟着人群尾随车队细看。

"如此浮躁势必为人浅薄。"管宁抑制不住心中的叹惋和失望。等到华歆回来以后，他将坐席割为两半，痛心而决绝地宣布："从今以后，我们就像这被割开的草席一样，再也不是朋友了。"这就是著名的"割席绝交"。

这时，华歆意识到自己的错误，于是静神养心，开始踏踏实实地读书，不为外界所动，最终成为经世致用、施民于惠政的好官员。而管宁才高志清、满腹经纶，却多次辞征召不受，整日闭门攻读，勤奋著述，一生不曾入仕。

管宁留给我们的不仅是他炉火纯青、登峰造极的学问，还有他内心安定、鄙视浮躁、“割席绝交”的定力，更多的是固辞征召不受、专心做学问的求实作风，也就是那种远离浮躁之气、踏实做人做事的精神。

当我们能够静下心来，克服情绪上的浮躁，为动荡的心“减减震”，也就能寻回归安定与平静的内心，不为外界纷争所纠缠、羁绊，进而走向自由和纯净，走向成熟与丰富，这才是达到了人品和人格的高尚境界。

因此，我们绝不可做“井里的半漂葫芦”，保持内心的安定与平静，真正沉下心来踏踏实实做人做事，将自己打造成一个实实在在的“葫芦”，时刻保持对工作、对生活的绝对掌控，从容不迫地迎接每一轮太阳的升起。

在烦恼摧毁你之前，倒出那些“小沙粒”

人在成长的过程中，很容易产生各种各样的烦恼。“很多时候，让我们疲惫的并不是脚下的高山与漫长的旅途，而是自己鞋里的一粒微小的沙粒。”哲人的这句话，一针见血地道出了我们烦恼的根源。

一个人正准备享用一杯香浓的咖啡，餐桌上放满了咖啡壶、咖啡杯和糖，心情无比放松，这时一只苍蝇飞进房间，嗡嗡作响，直往糖上飞，此人顿时好心境全无，烦躁无比，起身追打苍蝇，于是桌子翻了，杯子碎了，咖啡汁溅得遍地皆是，片刻之间房间一片狼藉，而最后苍蝇还是悠然地从窗口飞走了。

生活中，我们随时可能会遇到类似的情景，常被一些小事情所羁绊，弄得非常心烦。殊不知，生活是丰富的，每天都有许多事情要处理、要去做，老是为一些微不足道的小事发愁，被无关紧要的小事绊住前进的脚步，不但做不成事情，还难以享受生活，无异于摧毁自己。

这不就像森林中身经百战的大树吗？经历了生命中无数狂风暴雨和闪电的打击都撑过来了，可是坚硬的树干却会让那些用食指就可以捏死的小甲虫慢慢吞噬掉，真是可悲又可叹。

常为小事烦恼，人生苦多乐少。事实上，那些内心强大的人会随时倒出那些烦人的“小沙粒”，尽力敞开心胸，超脱一点儿，不为鸡毛蒜皮的小事去抓狂，求得心理上的平静，腾出更多的精力放眼世界。

有一位年轻人坐火车出差，由于时间紧急，他只买到了一张站票。火车上非常拥挤，年轻人站在车厢过道里，问旁边一位有座的男子：“你在哪儿下车？”对方告诉他是下一站，年轻人窃喜不已，心想下一站就有座位了。

年轻人与一位老者并肩站在狭窄的过道里，他们不时地被挤来挤去。30分钟后火车到站了，那个有座的人下了车，年轻人刚要去坐座位，谁知却被另一个壮汉抢了。年轻人郁闷极了，恼火地盯着壮汉。

过了一会儿，年轻人在嘈杂声中听见一声惊叹：“窗外的景色很美啊。”是那位老者发出的。他凝神望向窗外，嘴角露出笑意。年轻人顺着老者的眼光看去，是一条河，波光粼粼，河上有点点小帆，确实很美丽，但他正在火头上，哪有心思欣赏外面的风景，便露出毫不在意的表情。

老者似乎明白了什么，沉默片刻后，亲切地拍拍年轻人的肩膀：“现在你把自己的心思都集中在跟你抢座的人身上，心里攒着一团怒火，没有心思欣赏窗外的风景了，不就是一个座位嘛，难道你真想为此错过一路的好风景吗？”

年轻人听了，内心有些触动，默默地欣赏起路上的风景。渐渐地，他被美不胜收的风景所吸引，于是心旷神怡，这时候他才后悔自己居然刚刚愚蠢到为了抢一个座位而怒火四射，而且那并没有什么可气的！

一个人会觉得烦恼，是因为他有时间烦恼。一个人会为小事烦恼，是因为他还没有大烦恼。因为当他如果遇到大烦恼，遇到生命危险的时候，原先的小烦恼根本就不算什么，为其发愁只会显得荒谬。

“二战”期间，一位名叫罗伯特·摩尔的美国人的经历给我们留下了深刻的启迪。

1943年3月，罗伯特·摩尔和其他军人在中南半岛附近276英尺深的海下潜水艇里。他们从雷达上发现一支日军舰队朝这边开来，于是就向其中的一艘驱逐舰发射了3枚鱼雷，可惜都没有击中，却被对方发现，一艘布雷舰朝他们开过来。

3分钟之后，6枚深水炸弹在他们的四周爆炸，把他们直压到海底376英尺深的地方。深水炸弹不停地投下，整整持续了15个小时。“这回完蛋了。”摩尔吓得不敢呼吸，全身发冷、牙齿打颤。这15个小时的攻击，感觉就像有1500年之久。过去的生活一一浮现在摩尔眼前，他想到自己曾为工作时间长、薪水少、没机会升迁而发愁，也曾为没钱买房子、买车子、买好衣服而忧虑，还为自己额头上的一块伤疤发愁过。

以前那些事在当时看起来都是大事，可是在深水炸弹威胁着要把自己送上西天的时候，摩尔觉得这些事情是多么的荒唐、渺小。他向自己发誓：“如果我还能有机会看见明天的太阳，我永远也不会再为那些小事烦恼了。”

15个小时之后，那艘布雷舰的炸弹用光了，攻击停止了。自此，摩尔再也没有为生活中的小事感到烦恼过，不再纠缠，不再羁绊，变成了一个内心安定与平静的人，无疑这为他在生活中创造了巨大优势。

一个为自己长得丑而烦恼的人，当他知道自己得了肝癌后，就不会再为此而烦恼了。当他死亡的那一刹那，那更是什么烦恼都没有了。死亡是最大的烦恼，尚在人世间的人又何必为一些小事烦恼？

其实，难过也是一天，快乐也是一天，你的今天要怎么过，完全取决于你。学会随时倒出那些烦人的“小沙粒”，对自己说：“我还能有机会看见明天的太阳，何必为那些小事烦恼？”相信，你的内心必会获得安定与平静。

停下快节奏的脚步，让灵魂追赶上来

这是一个很有“禅”意的故事。

在墨西哥城，有几位学者要到高山顶上的印加人的城市去，他们雇了一群挑夫运送行李，谁知，走到半山腰时，虽然这些印加挑夫仍然脸无倦意、精力充沛，但他们却坚持要坐下来歇息一会儿再赶路。

这一坐就是几个小时，任凭学者们怎样心急烦躁，他们就是不动。后来他们的领导说出了不走的理由——印第安人有一个发现，肉身和灵魂脚步的速度有时是不一样的，肉身走得太快了，会把灵魂丢在后面，他们在等待灵魂。

生活节奏的加快、工作压力的加大、贫富的悬殊、社会的诱惑让很多人已经习惯了忙忙碌碌、你追我赶的生活，结果内心失去了安定与平静，总是感到迷茫、彷徨、没有方向，根本来不及思考生活的真谛和美好。

是的，我们为生存、为欲望疲于奔命，躯壳勇往直前，灵魂却落在了后面。有几个人能够稍微停下脚步，认真等待自己的灵魂追赶上来呢？身心不同步、不协调，内心自然被焦虑和烦躁等束缚，真正的生活便离我们而去。

这时候，我们需要走慢一点儿，需要等待在滚滚红尘中跌落的灵魂，让它陪伴我们一起上路，如此你会发现，自己不是没有思想，而是没时间来思考。整天被很多看似很重要的琐事羁绊，不是不觉悟，是不能解脱与放下。

上帝交给迈克一个任务，让他牵着一只蜗牛去散步。

蜗牛走得很慢，迈克看到蜗牛慢吞吞的样子，心急如焚，又是催促又是吓唬，可蜗牛全然不顾迈克的情绪，依旧慢慢地爬着，偶尔用抱歉的目光看着迈克，仿佛说：急什么呀，我已经尽力了。迈克恼怒了，就不停地拉它、扯它，甚至想踢它，蜗牛也只是受着伤、喘着气，卖力地往前爬。

迈克想：真是太奇怪了，为什么上帝要我牵一只蜗牛去散步呢？于是，他开始仰天望着上帝，天空一片安静。"反正上帝都不管它了，我还管它干什么？任由它慢慢往前爬吧。"于是，迈克也放慢了脚步，静下心来……

咦？忽然迈克闻到了花香，几声清脆婉转的鸟鸣传来、温暖的风儿拂过，这一切多美啊！迈克感到了一种从未有过的沁人心脾，这时他突然明白了上帝的用心：原来上帝不是让自己牵着蜗牛散步，而是让蜗牛牵着自己散步啊。

时间不可能停止，思维不可以停滞，唯一应该而且可以停下的是我们一直匆匆盲行的脚步。放下快节奏的脚步，让此刻的自己松懈下来，保持一种快中求慢、动中求静的心态，就是等待灵魂的开始。

让灵魂追赶上来，身心合一地协调前进吧。渐渐地，你就会发现内心的世界越来越平静、越来越无边，从而能够从容淡定、游刃有余地穿梭在世界中，也更容易感受生活的甜酸苦辣，体会人生的无限乐趣。

艾米莉·勃朗特是英国19世纪著名的诗人和小说家，被称为世界文学史上拥有旷世奇才的奇女子，她最著名的作品是《呼啸山庄》，该书是艾米莉唯一的小说，也是艾米莉与灵魂默默对话、实现内心平静的工具书。

艾米莉出生在英国北部约克郡山区一个贫穷牧师家庭，久处穷乡僻壤，使她养成了腼腆内向、含而不露的性格。而长大后亲眼目睹了姐妹兄弟们在感情上的不幸遭遇，更使得她精疲力竭，她辞掉了在洛希尔做教师的工作，从此再未离开家乡。

离群索居，独自在荒原上漫步，艾米莉领悟着灵魂无处落实、内心无处归依的巨大空旷和寂寞，为了制服自己躁动的灵魂，为了平息自己内心的不安，她开始追索自身“心”与“命”之归宿和根本，建立了两个对立的山庄：代表风暴的呼啸山庄和代表宁静的画眉山庄，《呼啸山庄》就是在这样的条件下写出的。

小说中，女主人公凯瑟琳贪恋物欲，嫁给了画眉山庄的林顿，背叛了自己和希茨克里夫的灵魂。希茨克里夫因凯瑟琳的背叛而陷入残忍的报复中。最后到来的死亡才使得两人狂放的激情归于平静，灵魂在自然的天堂里得到永生。这是艾米莉富有生气的想象世界，是她对自然人性的追求，最终她也在这种平和之境中安度生活。

艾米莉·勃朗特的文采是出众的，思想境界也是极高的，她通过写作，不断地对自己与外界进行一种将心比心的对照，追索自身“心”与“命”之归宿和根本，而达到对本真人性的塑造，这是什么？这就是灵魂的从容和人格的定力。

你的灵魂跟得上身体的脚步吗？这需要你时常和自己的心灵对话，问问自己：我是否时常感到烦恼、焦虑、不安等？我想要的是现在的样子吗？我得到了什么、失去了什么？如果生命就这样走完，我会不会有遗憾？

其实，灵魂的复位远没有我们想象的那么艰难和复杂。每天早晨出来呼吸一下新鲜的空气、听一曲优美的曲子，或者陪着父母一同坐在电视机前唠一些琐碎的家常，又或者约上几个好友一同去大自然中享受悠闲的假日……如此，我们的灵魂就能和我们一起自由呼吸、心无旁骛地欢乐前行。

生命的乐趣绝不在于不停地奔跑，而在于感受多姿多彩的过程，对灵魂的等待是我们对自己一生最大的善待，让我们一起等待灵魂吧，因为人的心灵也需要等待，需要在等待中汲取营养、健康发育、不断成长。

简单地看待一切，别让复杂蒙骗了自己

时下，有些人成天在喊“活得太累、太累！”为什么会这样？究其原因，与他们把简单的问题搞得复杂了。“人”字的结构够简单的了，但是人是最聪明又最复杂的动物，于是有了熙熙攘攘、尔虞我诈、钩心斗角。

有这么一个故事。

有一个人觉得生活很复杂，处处充满了钩心斗角、尔虞我诈。这令他心惊胆战，时常觉得身心俱惫，于是他到山上拜佛烧香，礼佛完毕后与寺庙的方丈在一起聊天，聊着聊着就说到了自己的烦恼。

方丈听完后捻须不语，只是微笑地看着这个人。这个人被方丈看得有些不知所措，心想方丈这是怎么了。过了一会儿，方丈仍然是微笑而视。这个人怔在那里，心想：“方丈是不是在心底嘲笑我呢？笑我像小丑一样？”

时间一分一秒地过去，方丈始终保持着微笑不语的样子。这个人再也按捺不住了，一下子跳了起来，脸涨得通红，指着方丈的鼻子骂道：“你贵为佛家子弟，岂能这样看待别人？真是无理！”

话音刚落，方丈便哈哈大笑起来，说道：“施主，以你看来我为何发笑？能否将你刚才心中所想一五一十地告诉贫僧？”

于是，这个人如实相告。

方丈听完后说：“我方才只是想起了以前一件有趣的事情，所以笑了，和你并没有什么关系。但你却妄自猜测，认为我是在笑你，是你想得太多了，这样你岂能轻松呢？只会失去他人的好感与信任罢了。”

此人听后恍然大悟。

生活中，你是不是也经常像故事中的那个人一样把原本简单的事情看得太过于复杂，从而纠结、计较别人的一句话、一个动作，甚至一个眼神，打乱内心的安定与平静，最终在人情世故中作茧自缚？

世界很简单，复杂的是人心。所谓的“复杂”，只不过是幻想对你的蒙骗。换一句话说，如果我们对自己简单一点儿，对别人简单一点儿，对周围的环境简单一点儿，你会发现世界和人生都要简单得多。人要活得复杂很简单，然而要活得简单却不容易，需要强大的内心做支撑。

一个内心强大的人会把一切都看得很简单、平淡，无牵无挂、不计较，不被琐事烦扰，处于不纠缠、不羁绊的状态，如此也就不会被自己生生灭灭的念头蒙骗，就会成为自己心灵的主人，也就不会被这个世界牵着走。

人生之简单，就像生命巨画中简单的几笔线条有着明朗的淡泊，就像生命意境中的一轮明月，有着清凉的宁静。一个人拥有纯净的灵魂与强大的内心，原本就是一种撼人心魄的深刻。

YY是某广告公司的策划总监，她不但独自可以做出令人拍案叫绝的策划，而且每周阅读一本好书、看一次电影，周末还会在某个陌生的地方旅行。有人问她：你怎么能做这么多事情呢？她回答：很简单，去做就可以啦。

身为职场白领，YY最开始也深受手机、商务通等带来的束缚，不得不把自己的神经绷在可能突然炸响的紧张之中。但后来YY意识到，人活在这个世上无法排除和人打交道，但是少接一个电话、少参加一次应酬、错过一次派对并不是什么大不了的事情，周旋于人际之中反而会让自己活得很累。

YY想活得简单一些，于是她开始“反抗”了，一下班就关掉手机，把自己隔绝在现代化之外。“不为赚钱而赚钱，不为人际而周旋，读书看报等，做有助于自己精神成长的事，率性而为，内心宁静平和，结果便水到渠成，而且工作、人际并没有因此受影响，大家反而觉得我很有人格魅力。”YY感慨道。

做人做事在常人看来均是比较复杂的事情，但是拥有一颗足够强大内心的YY却用简单的心态看待，活得简单，切实地享受到了安然的内心、幸福的生活，证实了所谓的“复杂”只不过是对自己的蒙骗。

由此可见，简单不是对人生的退缩，不是清心寡欲，而是清醒中的深刻、明智中的理性，更是一种至纯至美的人生境界。这正如一位哲人所言：“生命如果以一种简单的方式来经历，连上帝都会忌妒。”

简单点儿，再简单点儿，把一切都看得很淡，不要留意别人看你的眼神，不去计较那些身外之物，该哭就哭，想笑就笑，简简单单地存在着，并且把这种淡然与坚定渗透到生命当中，势必留给世界别样的美丽。

保持一颗平常心，便是世间自在人

世上有很多无奈苦恼的事令我们很难摆脱；世上有太多的忙碌紧张让我们无法逃避……因此，心灵的安宁被物质、被欲望所奴役，心态的失衡则会使人变得急躁亢奋、悲哀无助，甚至有可能铤而走险。

这时候，拥有一颗平常心，为动荡的心“减减震”就愈加显得珍贵了。平常心看似平常，其实不平常。平常心贵在平常，不以物喜，不以己忧；利不能诱，邪不可挡；波澜不惊，生死不畏；无时不乐，时时无忧。

药山禅师是一个很了不起的智者，他有两个徒弟，一个是云岩，另一个是道悟。

有一天，药山禅师带着云岩和道悟出远门，行到某处的时候，他见一棵树长得很茂盛，而另一棵树却只剩下枯黄的枝叶，便想借机施教，于是指着两棵树问道：“在你们眼中，哪棵树更好？”

“当然是茂盛的那棵树好了，”云岩抢先说道，“荣代表着欣欣向荣，是生命的象征。”

“枯的好，”道悟争辩道，“枯象征着万物归天，一切皆空。”

听完他们的回答，药山禅师笑而不语。这时候，从别处走过来一个小沙弥，于是药山禅师叫住小沙弥，又问：“这两树是荣的好，还是枯的好？”只见小沙弥淡然一笑，回答道：“荣的任他荣，枯的任他枯。”

好一个“荣的任他荣，枯的任他枯”，这句话将小沙弥心底的那份淡定、宁静显露无遗。无论外界怎样喧嚣变幻，自己的内心都风平浪静、波澜不惊，这是一种多么绝佳的禅意姿态，也是做人的最高境界。

有人说“现在人们最短缺的不是物质，而是一颗平常心”。我们暂且不去判断这句话的正确与否，但拥有一颗安定平静的心，内心就有了应对外界各种变化的强大力量，时时保持不惊不惧、不愠不怒、不暴不躁的状态。

“春有百花秋有月，夏有凉风冬有雪，若无闲事挂心头，便是人间好时节。”虽然众人知晓平常心之道，但“若无闲事挂心头”不是口头说说即得，而是必须痛下工夫才能到达的境界。

这其中，我们无论生活条件如何，无论做什么工作都必须对周围的人、事做到“不以物喜，不以己悲”，不纠缠、不羁绊、不计较，无牵无挂、气定心宁、一心一境、情景交融，达到心体合一的境界。

弘一法师俗名李叔同，清光绪年间生于富贵之家，是一位才华横溢的艺术家，是名扬四海的风流才子，集诗词、书画、篆刻、音乐、戏剧、文学等于一身，在多个领域中开创了中华灿烂文化之先河，用他的弟子、著名漫画家丰子恺的话说：“文艺的园地，差不多被他走遍了……”

但是，正当他的盛名如日中天、正享荣华之时，他却彻底抛却了一切世俗享受，到虎跑寺削发为僧了，自取法号弘一，落尽繁华，归于岑寂。出家24年，他的被子、衣物等一直是出家前置办的，补了又补，一把洋伞则用了30多年。所居寮房，除了一桌、一橱、一床，别无他物；他持斋甚严，每日早午二餐,过午不食,饭菜极其简单。

弘一法师以教印心,以律严身,内外清净,写出了《四分律戒相表记》、《南山律在家备览略篇》等重要著作。他在宗教界声誉日盛,一步一个脚印地步入了高僧之林,成为誉满天下的大师、中国南山律宗第11代祖师。正因为此,对于李叔同的出家,丰子恺在《我的老师李叔同》一文中所说"李先生放弃教育与艺术而修佛法好比出于幽谷、迁于乔木,不是可惜的,正是可庆的。"

这是何其平常而又不寻常啊!当李叔同大师盛名如日中天、坐拥荣华富贵的时候,却削发为僧,落尽繁华,归于岑寂,并且做得认认真真、平心静气。没有一颗对待人生的平常心,能达到这种"绚烂之极归于平淡"的境界吗?

平常心犹如一泓清泉,可以拂去灰尘、洗尽烦恼;平常心,犹如一杯香茗,可以除去干渴、饮出甘甜。拥有一颗平常心,波澜不惊、淡泊无求、空灵无妄……生活中,又有什么比这更洒脱自在的呢?

卸下"包袱",给心灵"减压"

当今社会,许多人都在叫累,那是一种说不出滋味的累,即使美美地吃上一顿、好好地睡上一觉也无济于事。事实上,单纯地说工作累或者生活累只是一个说辞,我们的担负太重、心活得累才是实质。

生活中到处都充斥着金钱、功名、利益的角逐,处处都充斥着令人痛苦与无奈的事情……被这样复杂的生活所牵绊,将外物的负担全都扛在肩上,使心灵动荡不安、不堪重负、丧失灵性,如此,我们能不疲惫吗?

如何给心灵"减震"呢?最简单的方法就是卸下心理上的"包袱"。

一个年轻人觉得生活很沉重，便问智者：生活为何如此累？

智者听罢，就随即给他一个包袱，让他背在肩上并指着前面一条沙砾路说：“你每走一步就捡一块石头将之放进去，最后体会有什么感觉。”

于是，年轻人就背上包袱，一路不停地拾拣，走到半路，他就回过头来对智者说：“越来越沉重了！”

智者说：“这也就是你为什么感觉生活越来越累的原因。每个人来到这个世界上时都会背着一个空包袱，然而我们每走一步都要从这世界上捡一样东西放进去，所有才有了越来越累的感觉。”

“智慧的艺术就在于知道什么可以忽略。”心理学先驱威廉·詹姆斯如是说：“天才永远知道可以不把什么放在心上！”毕竟，人的时间和精力都是有限的，如果什么都要背负，恐怕只会心有余而力不足。

打一个形象的比喻，人心是一桩空间有限的新房子，刚搬进去的时候，我们都想着要把所有的家具和装饰摆在里面，结果到最后却发现这个家摆得像胡同一样，反而没有让自己舒服地待着的地方，为所得所累。

人类最大的使命是制造翅膀，最大的成功是飞翔。当心灵被钳制住时，飞翔便成为一个虚幻的泡影。要想飞得更高、行得更远，首先必须卸下“包袱”，给心灵“减压”，灵魂的翅膀才会带着你遨游于空、遨游于世。

有两个人各背着一个沉重如山的包袱，举步维艰地向自己的目的地——那个似乎永远望不到的尽头迈进。那个沉甸甸的包袱里装了好多东西：世俗的评价、亲朋好友的期待以及跌倒时的痛苦、受伤后的哭泣，等等很多东西，两个人走得气喘吁吁。

照这样下去，身心迟早会支撑不下去的，于是A建议把身上的包袱卸下来，并且真的那样做了：“真的轻松很多了。”A感觉眼前的天空开始放晴了，他一路轻快地唱着歌，他闻到了路边百花的芳香，他相信自己一定会到达目的地。最终，他终于走到自己的目的地，看到了一望无际的大海。

然而,B却坚持着不肯放下身上的包袱,他忧愁地望向茫茫不知尽头的前方,抱怨自己为什么要走这条路,抱怨这该死的路为什么这么多拦阻。就这样,他身上的包袱越来越重,压得自己不愿前行,终于,他倒了下去。

故事到这里就结束了,不曾提到B有没有再重新站起来过。不难看出,A因为懂得卸下心理上的"包袱",最终获得了心灵的安宁与平静,轻松前行;B却给自己的心灵负上重担,压得自己不愿前行,压到一切都悔之晚矣。

我们所处的生存空间正在被无限压缩。若我们不肯放下"包袱",整日被困惑所缠绕,再背负着那些"包袱"去工作和生活,那么我们怎能成功?怎能拥有高质量的生活?我们不该空留这样的遗憾,应该试着卸下心灵的包袱。

放下心理的包袱是对心灵的一种释放。"菩提本无树,明镜亦非台。本来无一物,何处惹尘埃。"卸下身上的负担,使内心处于不纠缠、不羁绊、无牵无挂的状态,才能亮出一颗轻盈自由的心,找到真正的快乐和心灵的家园。

在现实生活中,你是否检查过自己身上有形或无形的"包袱"呢?你知道自己的背上扛了多少无价值的、不必要的包袱?你准备还要扛多久?你是否时常会感觉到内心沉重、身心俱惫呢?

当你意识到这些的时候,请记得适时地给自己的心灵"减压",卸下心头的种种包袱,你会发现自己的心灵更容易安定和平静下来,你也就更有力量越过上天设下的一个个"关卡",那么胜利的终点离你也就不远了。

第8章 生存可以随遇而安，生命必须有所坚持

待人接物随和礼让，凡事顺而少争执；坚守信念，原则问题不让步。通达和坚守一并而行，有取有舍，有进有退。

春风得意之时须张弛有度

人逢喜事精神爽，处在顺境和成功时我们高兴、开怀、兴奋是常理，但必须保持清醒理智的头脑，切勿得意忘形、沾沾自喜，对他人摆架子、显傲态，否则就会招致别人反感，为自己设置众多障碍。

阿雅是一家广告公司的策划，她年轻好胜、才华出众、精力充沛，对于领导交代的任务，每一次她都能出色地完成，于是阿雅很是骄傲，无论走到哪里都是一副趾高气扬的样子，尤其是部门讨论决策方案时，她总是处处一马当先，不大顾及别人的意见。当别人指出她的方案有问题时，她第一个反应是："那也没办法呀！因为我提出的方案通常都是最好的嘛，何况你们提不出比我更好的办法。"

渐渐地，同事们谁都不喜欢和阿雅一起工作了。人际关系异常紧张、工作上的配合度越来越差，这让阿雅身心疲惫。而且，有些老员工们开始私底下讥讽阿雅："这刚来几天啊，她就开始在公司耍大牌，当是在自己家里呀，真是不知天高地厚。"后来领导找阿雅谈话"你还年轻，有了成绩不能骄傲啊，否则就会犯大错……"尽管语气很委婉，但阿雅心里仍不是滋味儿。

由此可见，有些人人际关系紧张，得不到领导的器重，得不到同事的理解，事业不顺畅，其实很多时候不是输在能力上，而是输在做人上。待人不够随和、接物不够礼让，自然会让人敬而远之、群起而攻之。

在"春风得意"之时，我们最需要一颗强大而冷静的心。静下心来，通达一点，你会明白人生在世，权倾四方和威风八面均不是成功，心灵的平衡和寂静、性情的恬淡和安然才是成功。今日的青云直上只不过代表了昨日的辉煌。

更何况，山不解释自己的高度，并不影响它耸立云端；海不解释自己的深度，并不影响它容纳百川；地不解释自己的厚度，却没有谁能取代她承载万物的地位……一个人有多少本事，别人都看在眼里，不用自己张扬显示。

所有人的人格是平等的，世界上谁也不会比谁高贵多少，无论成就大小、官职高低或学问高低等，每个人都是平等的。有礼、有节、有度才能有人缘、多朋友、好办事，成功路上事事畅通。

强大自己的内心，抑制住狂妄之气，待人接物随和礼让，就算别人不会给你丰厚的回报，你也不会损失什么。要知道，保持自制、保持冷静，你就不致迷失自我，从而坚守信念、笑看风云，这是值得我们追求的。

成功需知有所为且有所不为

古语云：“治国之道，有所为，有所不为。”其实，“有所为，有所不为”何止是治国之道，它也是指导我们做人和做事的一条重要原则。做到了这一点，你将通达坚守一并而行，终身受益无穷。

遗憾的是，有些人不懂得这个道理，常常能看到一些管理者对于工作事必躬亲、亲力亲为，认为这样做才是尽职尽责的体现，结果有些事忙得并不得法，陷入了忙碌的漩涡之中，工作不见得有什么大成效。

一个企业的老总是一位非常敬业的设计师，是一个疲于奔命的工作狂，除了每天进行设计和研究工作外，她还负责公司的制度制定、考勤等很多方面的事务，几乎公司的每一件工作她都要亲自参与。

“为什么你的时间总是显得不够用呢？”有人问。

她无奈地说:“因为我要管的事情太多了!”

“你手下有5个助理,为何不让他们帮你呢?”

“我不放心,凡事都要由自己做才踏实。”

就这样,她一个人整天忙得晕头转向,由于时间和精力不足,作品的质量常常不尽如人意,而且公司不断出现问题。更不幸的是,她居然晕倒在办公室,后被医生诊断出患有神经衰弱、高血压等病症,结果只好住院进行治疗。

没有人是三头六臂、无所不能的,即使再优秀的人,其精力和体力都是有限的,也不可能把所有的事情全往自己身上揽,否则只会导致身心疲惫不堪。就算你能靠自己把所有的事都做好,然而时间也是金钱,难道你的时间不宝贵吗?

其实,那些明智的人都深谙“有所为,有所不为”的哲学道理,凡事不苛求自己,抱着一种顺其自然的心态去努力,有所作为也有所不为。这并非不思进取、消极厌世、慵懒沮丧、驻足不前,而是让我们从过度紧张的生活中解脱出来。

成功者之所以能够成功,并不是因为他们的完美而辉煌,而是由于他们能够把握得住“有所为”和“有所不为”的界限,既让自己全力做事,也会让别人帮忙做事,如此成功便不再复杂,人生便不再纠结。

中国台湾奇美公司以生产石化产品ABS而位居全球行业第一。当人们向奇美公司的董事长许文龙请教经营秘诀时,这位成功者的回答居然是:“我并没有什么秘诀,我经营的唯一方法是让员工按照他们的方式去做事。”

说来奇怪,虽然董事长是奇美公司的一级头衔,但令人大跌眼镜的是,许文龙从不作任何书面指令,连一间专门的办公室也没有。事实上,许文龙只负责把产品知识传授给下属,然后他会密切注视公司中谁是某项工作最合适的执行者,对象确定后就让他们放手去做,自己只负责时常盯一盯工作进度。“因为公司没有我的办公室，有时我会忘记自己的图章放在哪里，不过不用担心公司的事情被耽误，因为他们都有自己相应的权力，没有我根本不会造成什么影响。”许文龙曾笑着这样说。

许文龙将公司的执行之事交给下属，这样他就有时间和精力思索那些最具价值的工作，比如与重要客户的交易、公司的总体发展规划、年度工作任务、行业发展前景等。后来，奇美的发展速度非常快，以强势之力占据了国内外市场，让美国和包括日本在内的同行们都畏之如虎、退避三舍。

“他们都有自己相应的权力，没有我根本不会造成什么影响。”许文龙转移一部分职责，抓最重要的事情做，这种经营理念实际上就是对“有所为，有所不为”的肯定，也是成功的佐证，令他的事业蒸蒸日上、心灵平和与安宁。

从本质上讲，“有所为，有所不为”要求我们权衡轻重、利害、得失，作出正确选择。有句话是“将军赶路，不追小兔”。将军奔赴战场是为了参加一场重要的战争，路上遇到一只小兔。为了得到小兔，结果丢掉一场战争，值不值？

因此，不必把每天的时间都排得满满的，更不必让那些难题把自己折磨得身心疲惫。学会有所为，有所不为，通达和坚守一并而行，有取有舍、有进有退，这才是一种成熟的生活态度、拥有强大内心的表现。

在日常生活中，我们每天要做的事情的确很多，你不妨列一张清单，帮助自己理清思路，有意识地设定明确的有限顺序，知道优先做什么、重点在哪里，舍弃那些可做可不做的事情，从而实现“有所为，有所不为”。

尽力而为地做事，对待结果应顺其自然

你有你的打算，上天有上天的安排。当你按着自己的计划行事的时候，总会有意想不到的事情干扰或者阻止了你，你可能感到不快、灰心丧气，但是只要对待过程尽力而为了，结果就顺其自然吧。

从表面上看，“顺其自然”与“尽力而为”是矛盾的，因为有些人会误以为顺其自然是随波逐流、不尽力而为的借口，其实不然，尽力而为是主观的，“自然”乃万事万物的发展规律，是客观的。

白天与黑夜的轮回、人生的生老病死，现实世界中有太多事情是我们无法控制的，或者至少是暂时无法控制的，所以我们只能退而求其次，不可强求，顺其自然，否则就会陷入紧张、郁闷、激愤等情绪之中，很显然，在这种情况下内心是很难获得平静的，自然也难以做强做大。

在自然界中，我们常看到水奔腾着想找到大海，但它从上而下、从高到低，顺应地势流淌，顺能通之道而游。水似乎没有自己的选择，它只能顺其自然，但最终不也实现了归海的目的了吗?水是如此，人亦如此。

因此我们应该通达一点，当做某些事情的时候，只要你尽心尽力了，不要太苛求结果如何。顺其自然、随遇而安，该工作就去做工作，该学习就去学习，该聊天就去聊天，如此你会发现，内心平和安定了，自有一番潇洒自如之气度。

罗贯中的《三国演义·第一百零三回》中写道，诸葛亮北伐，几十万大军在上方谷布了一个大口袋，对于此战其计划的周密、运筹的周到、措施的得力、用人的得当，诸葛亮把毕生所学与大部分谋略，再加上最拿手的“火攻”

全用上了。如书中描绘：“山上火箭射下，地雷一齐突出，草房内干柴都着，刮刮杂杂，火势冲天。”

司马懿进退维谷，面临灭顶之灾，吓得手足无措，乃下马抱二子大哭曰：“父子三人皆死于此处矣！”正哭之间，忽然狂风大作，骤雨倾盆，满谷之火尽皆浇灭，地雷不震，火器无功，司马懿趁机杀出重围。

尽管这次战争是诸葛亮长期周密谋划的，但功败垂成之际，诸葛亮没有气恼地指天骂地，更没有痛哭涕零，而是仰天长叹：“谋事在人，成事在天，不可强也！”说完，便摇着蒲扇到树荫下纳凉了。

这段故事写得非常悲凉，很耐人寻味，把天地人交织在一起，让人感到人在苍天面前是多么的渺小和无奈！即使像诸葛亮这样的“神人”也决定不了自己的命运和成败，只能顺其自然，我们又何必对结果一味苛求呢？

由此可见，“顺其自然”并不需要绝圣弃智、回归原始，也不表示消极无为、听天由命，而是付诸努力，凡事只要尽职尽力、尽本份尽良心去做，让人心依于天理，然后推己及人、兼善天下。

也许越是经历过坎坷的人越容易理解“顺其自然”的道理；也许内心越是强大的人越对“成事在天”有心理准备，于是，时运好坏、成败得失、生死终始都不能干扰他们内心的宁静，更不足挂齿。

在山间的一座寺庙里面住着一个老和尚和一个小和尚。三伏天里，禅院的草地成片成片地枯黄了，小和尚对老和尚说：“快撒点儿草种吧，好难看哪！”老和尚挥挥说：“等天凉了，随时！”

中秋到了，老和尚买了一包草种，叫小和尚去播种。秋风四起，草种被吹得满天飞，小和尚着急地跑进屋说：“师傅，草种都被风吹走了。”老和尚回答：“没关系，被风吹走的都是空的，即便撒下去也发不了芽。担什么心呢？随性！”

草种撒上了，一群小鸟飞来了，在地上专挑饱满的草种吃。小和尚看见了大喊道："不好了，撒下的草种都被小鸟吃了！"老和尚慢悠悠地说道："没关系，草种多，小鸟是吃不完的，随缘！"

半夜下起暴雨来，小和尚急忙穿衣出禅房，对着师傅的房门喊："师傅，不好了，草种都被雨水冲走了不少。"老和尚连眼睛都没有睁，淡然地说："不用着急，草种冲到哪就在哪里发芽，随缘吧。"

不久，许多青翠的草苗破土而出，原来没有撒到草种的一些角落里居然也长出了许多青翠的小草，呈现出一片生机的景象，小和尚看到了，高兴地拍手跳了起来，老和尚却面不改色地点点头，说道："嗯，随喜"。

老和尚真是位内心足够强悍、懂得人生乐趣之人，这里的"随"就是指顺其自然。凡事既能克尽人事，又能安听天命，这是乐观豁达的人生。一个人能安守天命、通达乐观，把一切都看得淡薄，自然会胸境开阔，失之泰然、得之淡然，无忧无虑、无烦无恼、无怨无责、心身愉快。

有一句话是"人的命运，一半掌握在别人手里，一半掌握在自己手里。"记住，只要我们把掌握在手里的一半做好了就对得起自己，就问心无愧，至于另一半就顺其自然吧，过程永远比结果重要。

吃亏是福，凡事不要斤斤计较

当今社会，很多人认为吃亏是件损己利人的事儿，在人际交往中不肯吃一点儿亏，只要一见到好处就巴不得全揽到自己身上，一见到坏处就恨不得推给别人。殊不知，这是一件多么可悲的事情。

具体来讲，生活中有3种人是不肯吃亏的：一种是肚量小的人，吃了亏就想不开，茶饭不思；第二种是火气太大，吃亏后轻则破口大骂，重则大打出手，将事情弄得不可收拾；还有一种是心眼儿小的人，吃了亏就要睚眦必报，常常让与其共事的人怨声载道，失去人气，让自己因小失大。

以上这3种人过分计较得失，丢掉了随和礼让的原则，结果只会束缚心灵的自由，失去从容淡定的姿态，到头来，可能使人人对他们敬而远之。所以，如果你是以上人当中的一种，最好现在就要反省和重塑自己。

事实上，无论在生活还是工作中，收获与付出不可能总是对等，总是会有得也有失，既不会有全得，也不会是全失，得中有失，失中有得。吃亏则是收获与付出之间的平衡，是得与失中的理性。

清代著名书画家郑板桥在写过“难得糊涂”的字幅之后，又写了一幅“吃亏是福”的字幅，其中之意不难理解：与人交往时我们应该糊涂一点儿，礼让一点儿，不能过于计较个人眼前的得失，不在乎吃眼前亏。

吃亏不仅是一种理性面对得失和追求的坦然，更是一方睿智的境界、一种大智慧的超越。能够吃亏的人，他们的内心往往是淡然而有力的，他们不局限在狭隘的自我思维中，不沉陷于是非与纷争中，有着更加大气的格局。

李嘉诚的儿子李泽楷在接受采访的时候，有一位记者问他：“您的父亲是华人首富，而且您自己也是那么的优秀，真是将门虎子，是不是您的父亲教会了您很多赚钱的方法呢？能给我们说说吗？”

“父亲什么赚钱的方法都没有教过我，”李泽楷摇了摇头，回答道，“他只对我说，每一个人在这个社会上都生存得不容易，在与别人合作时不要总是想着自己利益的得失，假如对方拿七分合理，八分也可以，那么李家拿六分就可以了。如果生意做得不理想，那李家就什么也不要了……”

正是因为这种肯吃亏的随和礼让，让李嘉诚留下了良好的口碑和信誉，凡是与他合作过一次的人都愿意与他继续合作，而且还会介绍一些朋友，再扩大到朋友的朋友。李嘉诚获得了好的人缘，生意越做越大，成为了华人首富。而他的儿子也因为秉承着父亲的处世原则，成为了新一代身价过亿的富翁。

李嘉诚的思维和一般人不一样，他是一个拥有“悍马”般心理的人，他肯吃亏、敢吃亏，不惜把自己的部分利益让给别人。也正因为此，他获得了良好的口碑和信誉，拓广了人脉、增加了财源，也成就了自己。

随和礼让一点儿，凡事少些争执，不要斤斤计较，更不要患得患失，这样就能体现自己的大胸襟，赢得别人的尊重和敬佩，进而在交往过程中能够如鱼得水、名利双收，如此何乐不为呢？

值得注意的是，，并不是说只要吃亏就是福，事实上，很多时候亏也不是乱吃的，一定要把握住吃亏的原则，否则就会将自己置于被动的地位，任人宰割。怎么掌握这个限度呢？这显然和每个人的价值观与各种底线相关。

首先，“吃亏是福”本身是一个利益交换等式，吃亏并不是希望利益白白受损，而是希望用“吃亏”换来“福”，大亏坚决不能吃，用眼前利益的暂时损失去换取长远的利益，这才是真正意义上的“吃亏是福”，否则就是吃傻亏。

另外，吃亏一定还要看对方的态度，如果别人是有意让你吃亏，故意想占便宜，你可以适当忍受，但是忍受不是目的，只是解决问题之前的策略，最终一定要解决这个问题。明明白白地吃亏，关键是让对方认同你的吃亏、感谢你的吃亏，换取他的“知恩图报”，否则就是傻吃亏。

在顾全大局的前提下，不斤斤计较于个人得失，又不损自己的人格和尊严，通达和坚守一并而行，有取有舍、有进有退。就这样，在一次又一次洒脱地转身中，你就舞动出了一曲精彩的华尔兹。

充实生命中的每一个“今天”

生命从降生那一天起就开始了一场不能抗拒的前行，这个过程是不以我们的意志为转移的，此时此刻我们不是为过去而活，也不是为未来而活，生命的意义是由每一个唯一的此时此刻构成的。

可惜的是，很多人不懂得这个道理，没有一种对生活有所坚持的定力，不是一味地憧憬或规划遥远的明天，就是一味地留恋或抱怨昨天，不专注地感受当下的此时此刻，如此内心便处于焦灼不安的状态，难以控触到生命的脉动。

著名作家斯宾塞·约翰逊写过一本名为《礼物》的书。

有一个孩子问一位充满智慧的老人：“世界上有最珍贵的礼物吗？”老人回答道：“有！世界上最珍贵的礼物可以让人生获得更多的快乐和成功，可这个礼物只有依靠自己的力量才能找到。”

于是，这个孩子从童年到青年，走遍千山万水，用尽所有的办法四处找寻这个最珍贵的礼物，可是他越拼命寻找，却越感到生活得不快乐，而他生命中那个最珍贵的礼物自始至终都没有出现。

到后来，气急败坏、心生绝望的年轻人决定放弃，不再没有目的地追寻世界上最珍贵的礼物了，而此时他赫然发现，苦苦寻找的东西原来一直在自己的身边，这个人生最好的礼物就是“此刻”。

逝者不可追，来者犹可待。过去之心不可得，未来之心不可得，生存可以随遇而安，但生命必须有所坚持，就是指我们务必要坚持让身心活在当下这一时刻，充实生命中的每一个“今天”。

一位名人曾经说过："昨天的痛，已经承受过了，有必要反复去兑现吗？明天的痛尚未到来，有必要提前去结算吗？只要肯用行动去充实生命中的每一个'今天'，勇敢向前，机会就会在柳暗花明间。"这段话说得真是太棒了。

充实生命中的每一个"今天"，活在当下的此时此刻是一种全身心投入人生的生活方式。当没有昨天拖在你后面，也没有明天拉着你往前时，你内心全部的能量就能集中在这一时刻，生命也因此具有一种强烈的张力。

有一个禅学修炼深厚的祖师，有一天徒弟问他是怎样修行的，他说："我吃饭的时候吃饭，睡觉的时候睡觉，我都是这样修行的。"弟子就说："一般人不也是这样吗？有什么不同？"

他回答："一般人吃饭时不会专心地吃眼前这一餐饭，不是想昨天那一餐比较好吃，就是猜测明天的饭菜会不会更好吃，所以这一餐永远不是最好吃的。睡觉的时候不专心地睡觉，而是想着昨天发生的事情或者明天会发生什么事情，所以总也睡不踏实。我吃饭时不百般需索，睡觉的时候不千般计较，所以不同。"

"何必眉不开，烦恼无尽时，一切命安排，当下最优哉。"每一个瞬间、每一个当下都将是永恒。把注意力聚焦在当下，整个身心都融入了这一刻，吃饭的时候全然地吃饭，玩乐的时候全然地玩乐，每一刻都活得很饱满、很有力量，如此，生命的喜悦自然浮现，心如同莲花般安然而又超脱。

现在静下心来，审视一下自己，看看你是否切实活在"当下"；上班时是否挂念着家里的宠物有没有吃饭、晚上的鲈鱼是清蒸还是红烧；晚上躺在床上时是否因为白天谈判的破裂或实验的失误而辗转反侧……

你可以用一个简单的标准来衡量自己是否活在当下，问问自己："我正在做的事情是否让我感觉喜悦、安逸和轻松呢？"如果不是，那就表示你当下的时刻被时间遮盖了，生命正处于负累或挣扎状态，你需要做出改变。

美国著名教育家戴尔·卡耐基的作品影响了全世界数以万计的人，在

《人性的弱点》一书中，他给那些为生活而苦恼的人们制订了一份计划，这份计划的重点就是：用行动去充实每一个“今天”。

今天我要用行动来提升我的心灵，今天我要做3件事：我要默默地为某个人做一件好事，我还要做一件我以前不愿做的事、一件不敢做的事。做这些事的目的只是为了锻炼我的勇气和勤勉，让我不致懈怠。

今天我要给自己留半个小时的时间静息片刻，今天我要全心全意地只过好这一天，不去想我整个的人生。一天工作12个小时固然很好，可如果想到一辈子都要这样度过，我自己都会觉得恐怖。

今天我要制订计划。我要计划每小时要做的事，可能我不会完全按照计划去实现，但我还是要计划，为的是避免仓促和犹豫不决。只有现在的行动才能给我带来无尽的幸福和快乐，才能创造我的人生。

……

当然，充实今天不是让你“今朝有酒今朝醉，不管明日有忧愁”，而是以过去为借鉴、以未来为导向，坚持活在当下的过程中，把握生命中的此时此刻，如此，你就能够享受每一个今天，顺利抵达和成就未来。

第9章

盯着“心窗”向前看，不受外界的影响

内心强大的人，不论外界有多少诱惑都能心无旁骛，固守着内心的那一份坚定。

克制住自己，不为虚荣心“埋单”

身处灿烂缤纷的花花世界、光怪陆离的万千社会，你能否盯着“心窗”向前看，不论外界有多少诱惑都能守住心灵的一方净土，固守着内心的那一份坚定，不被虚荣心扰乱心智，做到不爱慕虚荣呢？

虚荣心是对虚荣的渴求心理，对自身外表、学识、财产或成就表现出的妄自尊大，以期许获得他人的注意、肯定、赞美或以及艳羡，并且能够在众人的掌声与啧啧称道中获得的一种心理满足感。

你有虚荣心吗？相信多数人都不肯承认。但事实上，虚荣心多数人都有。有了虚荣心并不可怕，但凡事都有一个限度，当虚荣心超出了一定的度，其后果往往不仅不能达到满足和炫耀自己的目的，还会使你的举动变得虚浮而不可思议，甚至还会招致啼笑皆非的难堪，身心备受折磨，致使你得为虚荣“埋单”了。

女青年孙晓寥大学毕业后来到上海工作，由于文化水平不高，她找了一份月收入不过2000元的工作。但为了在别人面前显示自己的高贵典雅，使自己看起来像一个时尚的“上海姑娘”，一发工资孙晓寥就会去商场肆无忌惮地“血拼”，买高档服装、化妆品、首饰等，一买就是一大堆。

靓丽的服饰、名贵的包包，时髦得体的孙晓寥处处彰显着迷人的魅力，赢得了周围所有同事的称赞。在一片赞扬声中，她的虚荣心越发膨胀起来，为了更加引人注目，为了讲求品位，她不惜花大笔的钱去购买名贵的奢侈品，时常能挥霍掉一个月仅能维持生计的开销，有时还负债累累……

由此，孙晓寥不得不天天在家吃泡面、走路上下班为免去公交开支，或者找个死党借钱好熬过"艰苦岁月"，生活过得异常凄苦、狼狈，她为此陷入了深深的苦恼之中，变得悲观厌世，甚至不知道自己该如何是好。

为了过上表面奢华、虚荣的生活，为了成为众人瞩目的焦点，孙晓寥不惜挥霍仅能维持生计的开销，购买高档服装、化妆品、首饰等奢侈品，结果她吃尽了"苦头"，丢掉了自由、独立和持久的心灵快乐。

在我们生活的周围，像孙晓寥这样爱慕虚荣的人并不少见，比如，明明囊中羞涩，却还很喜欢装阔，请朋友去吃饭时还偏偏选择去高档饭点；与人聊天的时候，总要有意无意与别人吹嘘自己一个月能拿多少工资，当朋友们借钱时，只能吞吞吐吐地说现在在做大事情，暂时没有资金……

虚荣心是自欺欺人的体现，表面的虚荣与内心深处的心虚总是不断地在斗争着：一方面在没有达到目的之前，为自己不尽如人意的现状所折磨；另一方面即使达到目的之后，也唯恐自己真相败露而恐惧。一个人如果永远被这些至少来自两方面的矛盾心理所折磨，他的心灵会是痛苦的，内心的力量只会被削减、再削减。

这就像一个人本来只能扛 80 斤小麦，可为了表现自己是多么能干、多么有智慧、多么英勇，硬生生地把 150 斤的小麦放在了肩膀上。在别人的叫好声中，他要承受的痛苦恐怕只有自己知道。这样打碎了牙往肚里咽，何必呢？

虚荣心是伤害自己的行为，很难说是一种恶行，然而在其驱使下，那些内心力量不足的人往往会失去理智，产生各种可怕的动机，这种动机所带来的后果是非常严重的。法国哲学家柏格森就曾直截了当地说过："虚荣心是一剂毒药，一切恶行都围绕虚荣心而生，都不过是满足虚荣心的手段。"

这绝对不是危言耸听，在现实生活中，有些人为了获得票子、房子、车子等，在别人面前显摆自己"有能耐"，不断满足自己哪点儿可怜的虚荣心，不惜采取坑蒙拐骗之恶行或者挪用公款、偷税漏税等劣径，结果不仅要承受内心的恐慌，而且要面临银铛入狱的悲剧，真是得不偿失。

由此不难看出，虚荣是心中邪恶的“魔鬼”，是心中最致命的“毒药”。一旦放纵了自己，让虚荣心搅乱心智，就会进入它的圈套，变得恶俗而不可救药，甚至丧尽天良，甚至违法乱纪，扭曲做人的尊严。

想一想，这样的后果你是否承担得起？

记住，不论外界有多少诱惑，克制住自己，盯着“心窗”向前看，不断培养自己求真务实的品质，不断提高自己内在的修养，靠自己的双手、智慧去努力，这样才会赢得别人的欣赏和认可，才能有资格“虚荣”一把。

合理地追求财富，做金钱的主人

人们常把金钱称作万恶之源，其实可怕的不是金钱而是贪欲。我们每个人都有追求财富的权利，只是在追求金钱的过程中需要固守内心的一份坚定，控制对金钱的欲望，张弛有度，千万不能视金如命，否则就会沦为金钱的奴隶。

其实，在茫茫人海中，沦落为金钱的奴隶的人还真不少。有的人为了金钱，不惜背信弃义，置友情和亲情于不顾；有的人为了金钱，不惜以身试法，以致身陷身败名裂的境地；有的人则紧抓金钱，以致身心受累。

很久以前，有一对靠拾破烂为生的夫妻，每天天不亮就出门了，推着一辆破车到处拾破铜烂铁，一直等到太阳下山才回家。他们回到家以后，就常常在屋子里拉弦唱歌，日子过得逍遥自在。

他们的对门住了一个很有钱的富翁，他每天都坐在桌前打算盘，算算哪家的租金还没收、哪家的欠账还没还，每天总是很忙、很烦恼。他看对门的夫妻每天过得快乐轻松，非常羡慕，又很奇怪，便问他的伙计：“我这么有钱，为什么一点儿都不快乐，而对门那对穷夫妻穷得叮当响，每天却那么开心呢？”

伙计听了，眨了眨眼对富翁说：“老爷，您想让他们忧愁吗？”

富翁回答说：“我看他们不会忧愁的。”

伙计眯着眼说：“只要您给我一贯钱，我把钱送到他们家，我保证他们此后再也不会快乐地拉弦唱歌了。”

富翁摇摇头说：“给他们钱他们一定会更快乐，怎么会不再拉弦唱歌了呢？”

伙计说：“您尽管给他们钱就是了。”

富翁把钱交给了伙计，当伙计把钱送到那对夫妻家，果真，那对夫妻开始烦恼了，因为他们想把钱放在家中，门又没法关严；想把钱藏在墙壁里，墙用手一扒就会开；想把钱放在枕头底下又怕丢了……总之，他们再也没有心情拉弦唱歌了。

当面临金钱的诱惑的时候，这对夫妻无法做到心无旁骛，为其所困，这就等于被金钱占有了，沦为了它的奴隶，一生都要为它所左右。正如哲学家所说的那样：“富人并没有得到财富，而是财富占有了他。”

每个人都有做金钱主人的条件，但判断一个人是不是金钱的主人，不能看他有没有钱、拥有多少钱，而要看他对待金钱的观念和态度，内心能否经得住诱惑。

如何才算是金钱的主人，哲学家的例子可供参考。苏格拉底说：一无所需最像神。我们追求的并不是金钱本身，得到幸福才是我们追求金钱的最终目的。只有认识到了这一点，我们才可能成为金钱的主人。

那些不论面临多大的金钱诱惑都能盯着“心窗”向前看，固守内心的那一份坚定，安贫乐道，不追求也不积聚钱财，为精神谋取自由的人，他们才算是金钱的主人，也是内心足够强大的人。

金钱是一种交换财富的手段，而不是财富的实体。金钱不是万能的，因为也有用它买不到的东西。而且，生命中应该拥有的不仅仅是金钱，还有很多东西值得我们去追求，比如亲情、爱情和友情等。

盯着“心窗”向前看，不单纯为金钱而生存，将金钱看淡一点儿吧，无论何时，不受金钱的诱惑，把金钱看做身外之物，做到随时可以放弃，你就能成为金钱的主人，体味内心真正的幸福，让生命更有意义。

耐得住寂寞，经得起诱惑

大千世界有诸多诱惑，引诱得人心神不宁、目不暇接。如果一个人没有一颗强大的内心，一刻也耐不住寂寞，经不住诱惑，就容易盲目地赶时髦、追风潮，哪儿热闹就往哪里跑，满世界地逍遥等。

然而这些人却不明白，这样虽然得到了一时的快感，但所谓的多姿多彩、繁华绚烂、前呼后拥只不过是过眼烟云。为此沉迷，就容易像瘾君子离不开毒品一样，可想而知是绝对无法战胜风雨的，将活得浑浑噩噩。

铁树沉寂60年方开一次花，昙花积聚一个花期只为数小时的盛放。不在诱惑中升华，便在寂寞中糜烂；不在诱惑中永生，便在寂寞中腐朽。不在诱惑中突围，不在寂寞中奋斗，何来一鸣惊人？

人生中，真正五彩绚烂的场面是短暂的，更多时候我们要面对的是平凡普通的生活，这就需要我们盯着“心窗”向前看，抛开迷人眼的乱花，抵御扰人心的诱惑，静下心、沉住气，耐得住寂寞，经得起诱惑。

耐得住寂寞、经得起诱惑的意义在于：能够守住精神的底线，不被外界所左右，安静躁动的心神，熨帖狂乱的灵魂。在寂寞中默默耕耘，凭借一己良知和理性严格地塑造、鞭策并完善自我。

中国有句古话："十年寒窗无人问，一举成名天下知。"很多人羡慕成功者，关注他们头上的光环，却不知成功人士并不是一帆风顺的，更多的是因为他们有一颗强大的内心，能够经得住诱惑、耐得住寂寞。

38岁时，李时珍被推荐担任太医院判。到了太医院后，李时珍一头扎进书堆，夜以继日地研读、摘抄和描绘药物图形，努力汲取着前人提供的医学精髓。而此时太医院上下已经被搞得乌烟瘴气，原来那些院判们发现嘉靖皇帝迷信仙道，祈求长生不老之术，便纷纷大炼不死仙丹。

哪有什么不死仙丹呢？李时珍劝说众人停止这种荒唐的行为，但他们给出的解释是：既然皇上喜欢，何不就此取悦皇上，以获取功名利禄呢？难道要因为这些功名而泯灭做医生的理想？李时珍不想这样，一年后毅然告病还乡。

回到家后，李时珍没有过衣食无忧的生活，他认识到"读万卷书"固然需要，但"行万里路"更不可少，于是他决定外出调查。在那些日子里，李时珍穿上草鞋，背起药筐，在徒弟庞宪、儿子建元的伴随下，远涉深山旷野，遍访名医宿儒，搜求民间验方、观察和收集药物标本。期间，他们的足迹先后遍及河南、河北、江苏、安徽、江西、湖北等广大地区，以及牛首山、茅山、太和山等名山大川。

远离了人间的喧嚣，每日面对巍峨的大山、青青的悠草，无疑是寂寞的，但李时珍耐得住寂寞，先后历时27年，最终弄清楚了许多药物的疑难问题，完成了16世纪为止我国最系统、最完整、最科学的一部医药学著作《本草纲目》的编写工作，该书被达尔文赞为"中国古代的百科全书"。

李时珍耐得住27年的寂寞，写下了惊世骇俗的医学巨著《本草纲目》，正可谓"古来圣贤皆寂寞"。试想，如果他与众多太医同流合污，为功名利禄所诱惑，或者不能忍受远涉深山旷野、遍访名医宿儒的寂寞，能取得如此巨大的成就吗?

人生要耐得住寂寞,借用王国维的话来说:“古今之成大事业者、大学问者,无不经过3种境界:昨夜西风凋碧树,独上高楼,望尽天涯路,此为第一境界也;衣带渐宽终不悔,为伊消得人憔悴,此为第二境界也;众里寻他千百度,蓦然回首,那人却在灯火阑珊处,此为第三境界也。”

寂寞不是百无聊赖、无所事事,也不是散漫与停滞,更不是所谓的孤独或寂灭。真正的寂寞是保持一颗沉稳而平和的心,不为浮躁世俗所左右,在诱惑中坚守、进取、升华,从而沉淀、积蓄而后发的生存方式。

综观一些童星,有些人经不住名利的诱惑,过早放弃学业,结果大都做派老道、知识浅陋,星途变得暗淡。而艾玛·沃特森在事业巅峰期间坚持回到学校学习,提升和充实了自己,赢得好评如潮。

艾玛·沃特森是幸运的,当年,10岁的她凭借《哈利波特》系列中扮演赫敏·格兰杰红遍全球,赢得了许多影迷参与评选的奖项。和许多年纪轻轻、一夜成名的女明星不同,艾玛很少在好莱坞的夜总会中露面,也没有继续留在娱乐圈中专职演戏,而是放弃了许多拍片和赚钱的机会,回到学校重新过起了两点一线的生活。

艾玛内心始终平和宁静、干净清爽,有着自己的坚持,她解释道:“坦诚地说,我有足够的钱让我的下半辈子不用工作,但是我不想这样,拍电影仅仅是我生活的一部分,学校生活能使我和我的朋友们在一起,接触真实的生活,让我感觉自己是个普通人,我努力变得更加理智,也正如赫敏一样努力。”

艾玛尽力保持低调,脚踏实地,并以straightA的成绩踏入美国常春藤盟校布朗的校园,攻读欧洲女性史、表演课等。事实证明,经过那段时间的学习,艾玛变得成熟起来,神情端庄,表演功底也深厚了,她生动有力的表演总是一次次令观众们惊叹,被媒体形容为美貌与智慧并存的“玉女”,她也成为了时尚界的宠儿。

"静中念虑澄澈,见心之真体;闲中气象从容,识心之真机。""万物芸芸,各复归根,归根曰静,静曰复命。"这些话无不是在启发我们:耐得住寂寞,经得起诱惑,不受外界影响,心灵才得其正,精彩方才体现。

你想获得"悍马"般强大的内心吗?你想拥有精彩纷呈的人生吗?那么,面对红尘繁世中的诸多诱惑时,请你多一点儿的清醒,盯着"心窗"向前看,在诱惑中坚守、进取、升华,在寂寞中沉淀、积蓄而后发。

办实事、创实绩,不追求"虚头彩"

经常听到一些人说:"我不图别的,就是希望有个好名声。"雁过留声,人过留名,追求名声本无可厚非,就怕迷失心智,单纯地为求名而突击钻营,不择手段、本末倒置,就应了那句俗语:"图虚名,得实祸"。英国作家萨克雷的名作《名利场》中的女主人公丽蓓卡·夏普便是一个例子。

19世纪中期,英国国力强盛,工商业发达,中上层社会各式人物等都忙着争权夺位、争名求利。出身寒门,尝过贫穷滋味的丽蓓卡·夏普,一心要掌握自己的命运,她不顾一切想要跻身上流社会,借此成为一名尊贵的妇人。

丽蓓卡·夏普很漂亮,美貌是她左右逢源的武器。进入伦敦后,她趋炎附势、阿谀奉承,费尽心机地让伦敦的上流社会接纳自己,希望自己能够在上流社会获得一席地位,可是那些上层社会的人只会去谈论那些光鲜的人物,他们都用有色的眼睛"注视"着丽蓓卡·夏普,就连玛蒂尔达夫人家里的侍女也瞧不起丽蓓卡·夏普谄媚的举动。

当残酷的现实一次次地摧残着丽蓓卡·夏普内心仅存的希望,当名誉的诱惑一次次地向她的内心发起挑战时，嫁给一个上流社会人士成了她的目标。接下来，丽蓓卡·夏普利用自己的年轻美貌，赢得了考利家族最有可能的继承人、军官罗登的欢心，并且两人秘密结了婚，女王考利这个姓氏让她感觉到自己在这个都市的生存意义。

谁料，最终罗登不幸失去了财产继承权，两人离了婚。丽蓓卡·夏普借助一切力量迈进所谓的上流社会，将真情与友爱遗忘到九霄云外，用尽心机却依然不名一文。文末写道："浮名乃是虚空，唉，一群极端愚蠢、极端自私的人，不顾一切地为非作歹而又热烈追求浮名，结果全是死亡、争吵和病痛……"

花花世界，万千诱惑，若受其诱惑，妄图功名，人心自会受蒙蔽，必会走上邪途。浮生一梦，须臾而逝，我们只不过是"沧海一粟"的过客，何必为了一个看不见、摸不到的"虚头彩"而沉陷为奴呢？

庄子有曰："至人无己，神人无功，圣人无名。"意思是："修养最高的人忘掉自我，修养较高的人无意追求功业，有学问道德的人无意追求名声。"这是告诉我们，名利皆是虚浮之事，也是身外之物，强大的人不能被其左右。

庄子的《逍遥游》中讲了这样一个故事。

尧想把天下让给许由，对许由说："太阳和月亮都已升起来了，可是小小的烛火还不熄灭；它跟太阳和月亮的光亮相比，不是很难吗？雨及时降落了，可是还在不停地浇水灌地；人工灌溉对于整个大地的润泽，不显得徒劳吗？以先生的才能如果成为国君，天下一定会获得大治，可是我还占据其位，请允许我把天下交给你吧。"

许由却说："经过你的治理，天下已经获得了大治，如果我替代你，我是为了名声吗？'名'是'实'所派生出来的次要东西，我将去追求这次要的东西吗？鹪鹩在深林中筑巢，不过是为了占用一棵树枝；鼹鼠到大河边饮水，不过是为了喝满肚子。你还是打消念头回去吧，天下对于我来说并没有什么用处啊！"

追求虚名是思想和工作态度不成熟的具体表现。真与实，自古就是中华民族传统美德的基本内容。所谓“不受虚言，不听浮术，不采华名，不兴伪事”，是千百年来对人们做人、办事的基本要求。

那些内心强大的人都是这样做的，无论外界有多少诱惑，他们都会固守自己的人生原则，保持清醒的心智，不屑于追求个人名誉，进而心无旁骛地投入到自己喜爱的事业之中，老实做人、踏实做事，办实事、创实绩。

强大自己的内心力量，不要为了一个虚名而活，也不要强求他人怎么看你，只要你实实在在地生活，脚踏实地工作，作出自己的贡献；只要你活得有价值，对社会有益处，你自然就会获得好的名声。

淡然无欲，修为净土

在五彩缤纷、诱惑不断的世界，我们要想修炼“悍马”般的心理，就要守住自己的内心，对诱惑多一份抵抗力，摒弃过度的物质追求和物质享受，超越红尘之事的干扰和影响，屏神静气，无求无欲。

“无欲自然心似水”、“无求胜于三公之上”，这是古人总结出的人生哲理，旨在告诫我们要舍弃满脑子的功利与浮躁，不为外物所诱惑，不为浮云遮住双眼，从而获得一种超然物外的自在与宁静。

林则徐是中国历史上的民族英雄，被称为近代中国“开眼看世界的第一人”，他光明磊落，做人的品格和清正廉洁的作风值得后人尊敬。“海纳百川，有容乃大；壁立千仞，无欲则刚。”与其说是林则徐书写的一副对联，不如说这是他本人的真实写照。

林则徐所处的时代正值清朝开始走向衰落及风雨飘摇的多事之秋，官场十分腐败,“三年清知府,十万雪花银”乃真实写照。在风气不正、腐败现象丛生的情况下,无论是在贫困逆境还是在权重名显之时,林则徐都不怕得罪别人,正气凛然,执法严明,皇亲国戚、佞臣奸党、土豪恶霸无不惧怕他,特别是公元1838年林则徐抗英禁烟的举动。外国烟贩勾结洋行商人,企图贿赂林则徐,结果如意算盘打错了,“本大臣不要钱,只要你的脑袋!”林则徐大举没收鸦片,并亲自监督鸦片的销毁。

林则徐为何能如此“刚”呢?说到底,这要源于他的“无欲”。他克己奉公、两袖清风,“宁可清贫自乐,不作浊富多忧”。为官几十年,他一日三餐只吃“落斛粥”(次米熬成的粥),一切唯温饱能居而已;外任时不吃沿途州府官吏为其安排的饮食,认为为官必须坚决杜绝私欲。林则徐从无他求,从无他欲,“不作浊富”,因此不畏权贵,不怕丢官,不怕杀头,刚正不阿,挺立于世间。

“无欲则刚”揭示了一个道理:去除私欲,就能无所畏惧;无所畏惧,就能一身正气、刚直不阿。这样的气度和情怀以及至大至刚的浩然之气,正是成就“悍马”般的心理不可或缺的关键因素。

“欲”是想得到某种东西或想达到某种目的的需求,是每个人都有的一种生理本能。月有阴晴圆缺、人有七情六欲乃自然之理。这里我们所说的“无欲则刚”,并非不允许人们有欲,而是要克制私欲。

《菜根谭》对人生之“欲”有过这样的精辟论述:“人生只为欲字所累,便如马如牛,听人羁络;为鹰为犬,任物鞭笞。若果一念清明,淡然无欲,天地也不能转动我,鬼神也不能役使我,况一切区区事物乎!”

面对错综复杂的大千世界,面对来自各方的种种诱惑,我们可将“无欲则刚”这一警语作为立身行事的指南。不管外界如何纷乱,可以不为所动,守住心中的那片净土;不管局势如何动荡,依然步履从容,朝着正确的目标前进。

杰克自小对数字很敏感,大学时期专攻金融专业,毕业后顺利地在一家大型银行找到一份出纳的工作。尽管杰克的专业水平不容置疑，但是银行老板似乎对他并不放心，时常亲自视察他的工作。

一天，杰克正在数钱，老板走过来问他：“你手中数的是什么？”杰克轻轻一笑，脱口而出：“尊敬的老板，我当然是在数钱了。”老板轻轻地摇了摇头，一声不响地离开了，杰克感到很是莫名其妙。

过了一段时间，杰克在数钱的时候，老板又过来问他：“你手中数的是什么？”杰克很奇怪老板为何还是如此问，但还是如实告之：“是钱。”老板沉默地看着杰克，一会儿又转身走了。杰克懵了：“不是钱，难道还能是别的什么？”

时光飞逝，转眼杰克已经在银行工作快半年了。这天，老板又问他：“你手中数的还是钱吗？”杰克回答道：“不，这不是钱，这是我的工作。”老板终于笑了：“恭喜你，现在你的眼睛里已经没有钱了，我可以放心地把这份工作交给你了。”

恪守自己的原则和信念，对诱惑多一份抵抗力，这样虽然可能会失去一时的“利益”，但守住了更多的收获。正如故事中的杰克，他克制住了心中的欲望，当眼里没有了金钱而只有工作的时候，他便成为了一个值得信任的人。

而且，只有寡欲才能宽心，事事容得下、放得下，生活中无可烦厌之事，身心自然也就清澈了。思想得到净化，灵魂得到滋润，意气中和，超然物外，置于丽日风光之内，这不正是颐养生性、修为净土的最佳境界吗?!

总之，我们若能克制住非分之欲望，不为非分之欲所迷惑，做到心灵圣洁而不贪欲，寡欲清心、淡泊守志，就能刚锋永在、清节长存，就能无所畏惧、刚直不阿，做一个拥有“悍马”般心理的强者。

第10章 做最坏的打算，争取最好的结果

内心强大的人常常不失眠、不焦虑、不急躁，能随时随地地做人生中最坏的打算，却往最好处追求。

泰山崩于前而色不变

“凡事多往好处想”，这是我们做事时常用来鼓励和宽慰自己的一种方法，这有利于我们保持阳光、积极的心态，但有时我们也不妨“凡事多往坏处想”，想一想可能发生的最坏情况是什么？

生活中，每个人都会遭遇不幸和挫折，有的人会因此一蹶不振，失去生活的信心和勇气。如果我们换个方式，想一想可能发生的最坏情况是什么，在心里先接受最坏的结果，那么内心还有什么是不能承受的呢？

“凡事多往坏处想”，我们可以将这一思想称之为“卡瑞尔公式”，全称是“卡瑞尔万灵公式”，其内容是：唯有强迫自己面对最坏的情况，在精神上先接受了它以后，我们才会获得心理上的平衡，集中精力解决问题。

不相信吗？我们不妨来看一个真实的故事。

为了自己的将来，为了幸福的生活，艾尔·汉里每天都拼命地工作，经常顾不上一日三餐。有一天晚上，艾尔·汉里的胃出血了被送到医院，专家说他得了胃溃疡，“已经无药可救了”，他只能每天躺在病床上吃药、洗胃，一天到晚吃半流质的东西。半年后，公司不得不将艾尔·汉里辞退了，心爱的妻子也离他而去，艾尔·汉里心里难过极了，觉得人生没有任何的意义，他对自己的失败感到十分懊恼，他绝望地对自己说：“汉里，你简直糟糕透了，你没有什么别的指望了。”

但幸运的是，艾尔·汉里后来意识到这样根本不能解决自己的问题，他问自己：“可能发生的最坏情况是什么？”答案是：“死亡。”于是艾尔·汉里心想：“既然如此，还有什么可忧虑的呢？为何不好好利用剩下的这一点儿时间呢?”艾尔·汉里一直梦想着能够环游世界,但是每天为工作奔波,他哪里也没有去过,他决定在死亡之前完成这次旅行。就这样,艾尔·汉里让自己准备接受死亡的心理准备,他去买了一具棺材,把它运上轮船,然后和轮船公司约定好,万一他中途去世的话,就把他的尸体放在冷冻舱里,送到他的老家。他自由自在地享受大自然中的阳光、空气,再也不担心、忧虑什么了,因为他早已经接受了死亡的最坏情况。

令人惊讶的是,艾尔·汉里的身体并没有像预计的那样变得越来越糟糕,反而越来越好,旅行回国后,他的胃恢复了正常功能,日常的任何食物都可以吃了,他开始投入工作,而且几乎完全忘记了自己曾濒临过死亡边缘。当别人询问艾尔·汉里用什么方式治好了自己的病时,他回答道:“我给自己判了死刑,这使我轻松下来,忘了所有的麻烦和忧虑,产生了新的体力,进而挽救了我的性命。”

如果你每天都为发生在自己身上的事情焦虑不已,不妨学学艾尔·汉里的做法,问问自己:“可能发生的最坏情况是什么?”在心里接受可能发生的最坏情况,练就“泰山崩于前而色不变”的强大心理素质。

当然,在心理上接受最坏的情况之后,我们还要镇定地想办法改善这种情况,锻炼自己承受风雨打击的能力。其实,很多事情并没有我们想象的那么可怕,只要我们能够放松心情,就一定会找到合适的解决办法。

许国强是一家净水器生产公司的老板,平时对工作要求严格,在业界受到一致好评和认同。但是由于一次疏忽,公司制造出的一批净水器勉强可以使用,却没有达到客户要求的高质量。对此,许国强既头痛又后悔,每天都紧锁着眉头。

然而,许国强这样安慰自己道:最坏的结果无非是将这一批净水器拆掉,投下的20万元“泡汤”,与其总是烦来烦去,不如静下心来,好好想想对策。于是,许国强平静地把时间和精力用来试着改善那种最坏的情况。他做了几次试验，没想到真的找到了突破点，他发现如果再多花3000块钱加装一些设备，问题就可以解决了。

在许国强的沉着安排下，事情终于出现了转机，这一批净水器完全达到了质量指标，结果公司不但没有损失多少资金，反而创造了一项技术专利，许国强的工作能力再一次得到了众人的肯定。

由此可见，在做每件事情之前，问问自己可能发生的最坏情况是什么，然后告诉自己接受这个最坏的情况，如果事情果真产生了最坏的情况，平和自己的内心，镇定地想办法改善最坏的情况。

总之，很多时候你以为某些事情糟糕得不能再糟糕了，而当冷静地仔细分析一下，就会发现原来最坏的情况也不过如此，没有什么不能接受与面对的。放松心情，以无比强大的内心迎接挑战，你一定能征服所有的难题。

别被紧张裹挟，打破“埃蒙斯魔咒”

你听说过“埃蒙斯魔咒”吗？它来自下面这个故事。

2008年8月17日，北京奥运会50米气枪三姿决赛，当美国选手埃蒙斯打出最后一枪时，全场以及屏幕前所有的观众都惊呆了，现场直播的解说员也足有两三秒的凝滞，随后发出一片不知所措的惊叹声……

在此之前，埃蒙斯一路领先，总成绩已领先第二名4环多，只要他最后一枪打出6.7环——一个在步枪射击中的业余水平，金牌自然就会让他收入囊中，这对于一个射击名将来说简直易如反掌，但埃蒙斯却打出了4.4环的“意外成绩”。

时光回到了2004年8月22日的雅典马可波罗射击场，那时2号靶位的埃蒙斯同样以绝对优势超越所有选手，最后一枪他只要得到不低于7.1环的成绩就能夺冠，但最后一声枪响后，子弹竟然飞到了3号靶位上，成了“零环悲剧”。

相同的项目、相同的情形、相同的结果，用解说员无奈的话说就是“历史总是惊人的相似”。包括埃蒙斯自己在内的所有人都没有想到，噩梦就像幽灵一样，从雅典追到了北京，上帝再一次拨动了他的枪口。

是什么让埃蒙斯在奥运会决赛的最后关头屡次失手呢？他太想取得奥运会金牌了，过于渴望成功，用心理学上专业的说法是成就动机过大。何为成就动机？即个体追求自认为重要的、有价值的工作，并使之达到完美状态的动机，即一种以高标准要求自己力求取得以成功为目标的动机。

在这种状态下，埃蒙斯的精神长时间处于高度紧张的状态，思维灵活性受到严重干扰，即越是射击准确，心中越紧张，以致到最后难以自控，出现严重失常的表现。对于这种现象，心理学专家称为“埃蒙斯魔咒”。

其实，“埃蒙斯魔咒”在多数人的生活中都普遍存在。比如，在考试的时候，面对以前做错过的题目，越是想做对，结果却是继续犯同样的错误；和客户签署重大合同时，越担心出错越是容易出错，不是疏忽了这个问题就是忽略了那个问题；台下准备得滚瓜烂熟的主持词，一上台却忘得一干二净……

成功最大的障碍就是我们总是忧虑结果，生怕自己做不好、生怕被别人嘲笑。有一句经典的话是：“太想穿好针的手会忍不住颤抖、太想踢进球的脚会忍不住颤抖、太想面试中胜出的嘴会颤抖……”那么，我们是否可以不被这种紧张的情绪所裹挟，摆脱类似的“埃蒙斯魔咒”呢？

很简单，在近似于“埃蒙斯魔咒”的情况下，我们需要做的是转移注意力，不紧张、不焦虑、不急躁，把焦点放在手头的事情上，保持内心力量的凝聚，随时随地地做人生中最坏的打算，谋定而动清静而为。

迈克尔·法拉第不仅是英国著名的物理学家和化学家，也是著名的演说家。他在演讲方面取得的成功曾使无数名青年演讲者钦佩不已。但鲜为人知的是，法拉第最初的演讲并不成功，甚至可以说是很糟糕。

法拉第口才出众，他一心想成为一名优秀的演说者，总想着如何博得听众的掌声和赞扬、怎样才能给听众留下深刻的印象，于是习惯于用较高的标准来要求自己，告诫自己一定不能出错，结果一站到台上，紧张感、怯场感便接踵而至，导致他不是忘词就是舌头打结，最后只得面红耳赤地走下台。

后来，法拉第决定改变自己，他告诉自己："不要紧张，我是来演讲的，我是来向听众宣传真理的，只要听众能接受我的观点、赞成我的主张，我就达到了目的，至于台下多少次的冷笑、台上多少回的尴尬又何妨呢？反正被大伙取笑过后我还要吃饭，还能睡觉，还是要过回正常的生活。"

在这种坦诚相待、轻松愉悦的心态下，法拉第将注意力全部放在讲话本身上，而无暇顾及听众的反应，无暇关注听众，自然减轻了内心的紧张程度，并营造了一种相对和谐的气氛，无论台上的他还是台下的观众都很享受这种感觉。当人们问及法拉第演讲成功的秘诀时，法拉第笑着回答道："自己发挥好了就行了，演讲中没有必要想得太多，也不要总希望别人用赞许的眼光来看待自己，要完全把自己放开。"

迈克尔·法拉第一心想成为成功的演讲者，结果无法以轻松的心态进行演讲，无法发挥出自己真实的水平。后来，又因为平和地面对演讲表现，减轻了内心的紧张程度，打破了"埃蒙斯魔咒"，功到有成。

"不要紧张，我是来演讲的……至于台下多少次的冷笑、台上多少回的尴尬又何妨呢？反正被大伙取笑过后我还要吃饭，还能睡觉，还是要过回正常的生活。"迈克尔·法拉第的这句话说得多好啊。

每个人都想获得成功，都梦想着人生的直线上升，这是常有的状态，但切记对成功不要过于苛求，别被紧张裹挟，把焦点放在手头的事情上，并做人生中最坏的打算。这是获取成功的唯一选择，也是最好的选择。

努力获取成功，但也要做好失败的打算

在我们生活的周围，几乎所有人每做一件大事之前都有一定的宏伟计划和豪言壮语，以决心获取成功来励志自己，以破釜沉舟来激励自己。俗语“不到长城非好汉”，意思就是指把事情做好做成，不达目的誓不罢休。

站在展望成功的角度激励自己是正确的，不过我们应该知道，在为成功做出百倍努力的同时，我们也要做好失败的打算，千万别说我不会失败，我一定会成功，因为成功或失败不是我们情愿不情愿的事情，而是事物发展的规律。

要知道，拉弓射箭没有绝对的百发百中，战场上的常胜将军没有永远的百战百胜，成功与失败只有概率的大小，没有绝对的把握。即使你再怎么信心百倍，再如何拼死拼活，胜利的把握也只有50%。

做好失败的打算，就是做事要留有余地，给自己留条退路，给自己设计好出路。没有做好失败的打算，孤注一掷，当意外之事发生时往往会走投无路，结果心情和斗志输得精光，给生活增添无限的怨悔。

在美国西部掀起淘金热的时候，一位来自海地的移民也蠢蠢欲动了。到了西部，自己能挖到大把大把的金子，就可以住美轮美奂的别墅，品尝天下的山珍海味，他被这种幻想冲昏了头脑，当即决定变卖所有的家产西迁。

“哦，你真的要变卖这里所有的东西吗？包括你的房子、你的山林吗？”朋友们认为他的做法有些不妥，纷纷对他提出建议，“不要这么冲动，你带上足够的资金不就可以了吗？给自己留条后路，万一你找不到那么多金子呢？”

“不，我一定会成功，我会成为大富翁。”这个固执的海地人变卖了所有

的家产西迁，在西部买了80公顷的土地进行钻研，希望能够找到金子。结果，他一连干了5年，不仅没有找到任何东西，最后连家底都折腾光了，只能流落街头。这个海地人后悔极了，终日以泪洗面，但又能怎么样呢？

失败是一种普遍现象，无论你多么渴望成功，无论你对事情有多大的把握，也不要冲动做事、孤注一掷，要在做好积极准备的同时静下心来为失败做好准备，更多的是想如果失败了该怎么办。

比如，事例中那个海地人如果听从朋友们的劝导，不变卖自己所有的财产，或者把一部分资金存放起来，即使最后没有找到任何东西也不致折腾光自己所有的家底，遭遇流落街头这样的困境。

每个人都能承受成功，但失败并不如此。事实上，那些内心强大的人在期冀成功时一样会做好失败的准备。一个在研究失败可能的人会从客观上提出失败的种种可能，反而能更好地保障成功。

郭广昌是创业成功的企业家，任上海复星高科技集团有限公司董事长。有人曾经评价说："复星是一个神话，给人的感觉是这帮人运气特别好，摔了一跤都捡到了金子。"而这一切幸运正源自郭广昌的"失败计划"。

1992年，毕业于复旦大学的郭广昌跟几个伙伴一起在上海创业，从事食品、电子产品的生产。当时郭广昌有着饱满的热情、伟大的理想，但是他还是一次次冷静地叩问自己："市场的确需要我吗？我真的在为市场创造价值吗？""如果失败了怎么办？在哪一步上我最有可能失败？"……

经过周密的市场调查，郭广昌列出一份失败的计划，即坚持市场导向，进行多元化的投资，分散单一投资失败的风险。这看似在"泼冷水"，不过伙伴们很相信郭广昌的战略性眼光，于是，1993年复星进入房地产、百货、钢铁、金融等行业，并据乙肝诊断试剂生产获得了"第一桶金"，并缔造了复星神话般的成长故事。

"创业失败的概率很大，丝毫没有做好失败的打算就出来创业，那么你失败的概率就会是99.99%。”郭广昌告诫青年人，“我觉得自己之所以能走过来，更多的是为失败做好了准备，考虑如果失败了会怎么样。”

失败的比例一定比成功的大，在渴望成功的时候，请你先想想失败，将失败分析到位，事事要留有余地，给自己留条退路。把失败计划做好，有条不紊地行动，就增加了成功的概率，甚至可以说是成功的关键点。

因此，请你铭记西方管理咨询行业那句经典的行话：“成功的方案一定能成功吗？答案可不一定。全部是成功的方案，极有可能造就全面的失败。只有准备失败的方案，才可能是成功的方案。”

快乐地做第二，才有机会做第一

当给你第一和第二的位置，你会选择哪一个呢？相信很多人的答案是第一，毕竟“第一”意味着鲜花和掌声，意味着荣誉和尊严。现实生活中，不少人也正为“第一”不断地追赶、奋力地奔跑着。

但是，你想过吗？处处想争第一，唯恐落人之后，身心皆被驱使着，只会让自己的心跟着焦虑起来，生命可能就会变成劳役，疲惫不堪。而当了第一的人也许是脆弱的，尝尽了众人之上的滋味，如再有下落，可能就会感受到悲凉。

《老子》中曰：“我有三宝，持而保之，一曰慈，二曰俭，三曰不敢为天下先。不敢为天下先，故能成器长。”在这里，不敢为天下先，不是不努力、不上进，而是在喧嚣的红尘中练就强大的内心，保持一份扎扎实实、积极向上的心态。

在这一点上，时尚设计师沃克夫做得很好。

沃克夫从一名小裁缝做到时尚设计师已经十余年了，也许他从没有想到自己可以在这个领域达到如此的高度，而伴他一路前行的信念就是凡事不争第一，他曾这样告诉自己："高处不胜寒，人生不必做第一。"

"当然，"沃克夫补充道，"不争第一不意味着不努力，只是不要费尽心思非要争第一。这就像800米跑步比赛，千万不要上来就跑在第一个，第一个其实是个领跑者，你只要牢牢地跟在他身后，调整好自己的步伐和精力，让自己保持在这一方阵之中，最后比韧性和耐力就行。"

十几年来，沃克夫一直这样定位自己，不因一时的荣誉而不知所以，也不因一时的打击或挫折而如临深渊，始终保有继续向前走的动力和勇气，扎实、坚定地跑好每一步，时刻调整好自己的节奏，从而获得了游刃有余的人生。

做不了第一会感觉痛苦吗?答案是否定的，最有利的位置不是第一，而是第二。第二是在为更进一步的成功打基础，为冲刺而积蓄动力，如此，你的砝码会越来越重，实力会更有分量，总有崛起的那一天，站立的腿可以经得起任何的冲击，坚强的臂膀可以支撑一切。

做第二，并不代表着永远做不了第一，快乐地做第二，往往更有机会拿第一。

张兰和王斌在同一家公司的销售部工作。王斌每个月的业绩在部门中都排第一，张兰每个月的业绩在部门中都排第二，这样持续有两年之久了，所以同事们给张兰一个称呼"千年老二"。

当张兰听到这个称呼的时候，并不觉得委屈，他说："平心而论，我喜欢做第二，也心甘情愿当老二。因为当老二，我的前面永远有个目标追赶，永远有个榜样。"

在张兰做"老二"的两年中，张兰一直很乐观地看待自己，和公司员工的关系处理得很好，也和王斌的关系很好。在公司第三年的一次董事会上，公司懂事通过会议决定让张兰担任公司的副总，让王斌担任销售部的经理。

董事长是这样解释的："王斌的业务能力是公司最强的，所以王斌担任公司销售部经理是理所当然的，张兰的业务能力不是最强的，公司的副总要的不是最强的人才，而是能协调处理每个员工之间关系的人，张兰在做销售部'老二'的这些年中，能乐观向上，不气不馁，能和王斌处理好关系，这足以说明张兰能够胜任公司副总的职务。"

不止是我们个人，商界里曾有很多这样"快乐做第二，有机会做第一"的典型案例。比如，20世纪60年代，美国Avis(艾维斯)租赁汽车是一家实力一般的小公司，在租车业内一直很不景气，甚至濒于破产，直到新总裁罗伯特·陶先德走马上任，创作了"We Are No.2"的广告宣传口号，并且他指出做老二的态度是："做对事情、找寻新方法、比别人更努力。"这种诚恳、自谦、负责的态度立刻赢得了消费者的信任和赞扬，而且艾维斯的车子总是干净、崭新的。雨刷完好、烟盒干净、油箱加满，而且各处的服务小姐都是笑容可掬的。结果，艾维斯将这个"第二"做得风风火火，还奇迹般地与行业老大——Hertz(赫兹)租车公司齐名。

人生不是竞技，不必把撞线当成最大的光荣。保持强大的内心，做好"第二"的打算，微笑地面对"第二"的位置，既不影响你发挥优势，又不会有那么激烈的竞争，还能赢得别人的尊重，何乐而不为?

当裁员之风掀起，你是否已做好准备

身为职场人士，你有过被解雇、被辞退的经历吗？你为此做过一定的准备工作吗？很多时候，因为没有做过准备，一旦遭遇解雇、辞退时，我们就容易产生焦虑、急躁等情绪，食不能安、夜不能寐。

今年28岁的韩美自毕业之后就一直在一家杂志社担任编辑工作，原本工作干得好好的，谁知社里资金紧张，为了节约开支决定裁员。上个月底，韩美突然接到人事部的通知：自己被辞退了。

什么？韩美很是愕然，她用颤抖的双手握着解聘书，简直不敢相信这是真的。最糟糕的事竟然落在了自己头上，“我工作一直很认真，为什么偏偏是我”、“这叫我以后怎么养家糊口”、“难道我真的这么差劲吗……”

因为之前没有做过任何心理准备，韩美接受不了这样的现实，因此她难过、伤心、惊慌失措，她深受打击，没有勇气去寻找下一份工作，每一天都有太多的顾虑、太大的心理压力，还将自己关在房间里，整天哭哭啼啼。

传统工作者经常持有“终生任期的心态”，即认为自己一旦被聘用就会工作到退休，但是就像每个人的成长过程都不是一帆风顺一样，在竞争形势极其严峻的现代社会中不会存在绝对保险的行业。

任何一家公司都有可能面临困境、遭遇坎坷，公司难免会作出裁员的决定，这也是公司日常管理工作的一个方面，每个人都会面临被解雇、被辞退的风险。既然如此，为什么不提前做最坏的打算，做好被裁的准备呢？

强大自己的内心，做好一定的心理准备，当裁员之风在公司掀起的时候你就不会有什么好畏惧的，心理上也不会产生巨大的落差和压力，才不至于一蹶不振，才能把自己调整到最积极主动的状态，不慌不忙、从容应付，如此不仅能安全渡过裁员风暴，说不定还能在“裁员”中荣升一级呢。

下面有这样一个小故事。

由于公司近期经营不景气，要准备裁员了，马克和珊拉都上了解雇名单，被通知一个月之后离职。两个人都在公司待了十多年了，被裁的理由有两个，一是两个人学历比较低，二是两个人的年纪较大。

得知要被裁之后，马克的心里焦虑极了，逢人就大吐冤情：“我在公司待了这么多年，居然不等退休就把我开除了，我以后可怎么过啊！”仿佛自己被人陷害了似的，对谁都没有好脸色，还把气发泄在工作上，敷衍了事。

和马克有着相同遭遇的珊拉也很难过，但他的态度和马克截然不同，珊拉的想法是：“天有不测风云，我早为这一天做好了准备。现在我年纪大了，没工作了正好可以好好休息一段时间，只有一个月时间了，好好珍惜吧。”于是，他更加认真负责地对待工作，而且还逢人就心平气和地道别，大家反而比以前更喜欢他了。

一个月很快到了，马克的工作做得很糟糕，如期离职，珊拉却被老板留了下来，还被提拔为了助理。老板说：“像珊拉这样心理强大、临危不惧、始终对工作认真负责的员工正是公司需要的、我最欣赏的，我怎么舍得他离开呢？”

同样面临被裁的遭遇，马克因为没有提前做好心理准备，感到委屈、焦虑，进而对工作敷衍了事；而珊拉早早地做好了心理准备，心想没工作了正好可以好好休息一段时间，拥有如此心平气和的态度自然能够认真地履行日常工作职责，最后不仅没有被裁，还被提拔为了经理助理，可谓是扭转了乾坤。

其实，我们不仅要放下“终生任期的心态”，还要在平时未雨绸缪，主动积极地开展工作，不断刷新自己的知识结构。不要怀疑，也许这一轮的裁员名单中没有你的名字，但谁也无法预料下一轮的裁员名单上会不会有你的大名。而且，越稳当的工作、越高层的位置反而是越危险的，越该及早做好被裁的准备。

要知道，现代职场竞争异常激烈，我们所赖以生存的知识、技能就如同车子、房子一样在不断折旧。目前西方流行这样一条知识折旧定律："一年不学习，你所拥有的全部知识就会折旧80%，你今天懂的东西到明天早晨就过时了，现在有关这个世界的绝大多数观念也许在不到两年时间里将成为永远的过去。"加上如今的就业市场竞争激烈，大批的应届生涌入职场，新的思想、新的技术等都在刺激着企业开始"大换血"，所有的人都将面临严峻的考验。

随时做好被裁的打算，提前规划自己的发展目标，抽时间学习和培养新的技能，一直往这个方向走，让自己永远都是平和的、全新的，就可以避免又"前浪死在沙滩上"的可能，如此，即便你"年过不惑"，估计裁员的厄运也不会找上你。

由于家庭贫困，梁赫初中毕业后便进入了社会，在一家汽修厂当实习修理工。梁赫很好学，不到半年就对汽车修理驾轻就熟，但是梁赫却有一种危机感，"我文化低，随时会有被裁的危险。"于是，他买来了各种汽车修理的书籍，挤出时间如饥似渴地学习，并自考取得了汽修专业的大专学历。

随着厂子的发展越来越大，有些大客户偶尔会送来一些非国产的国际品牌汽车，而那些说明书全部都是英文。"看不懂英文显然已经落后了，或许下一批被裁的员工中就有我。"怎么办？梁赫赶紧报了一个英语学习班，开始苦学英语。为了掌握这些汽车的设置、调试和修理，他干脆买了一个高级仿真的国际品牌汽车模型开始了"研究"，拆了装，装了拆，直到弄明白为止，现在他已经完全可以修好非国产汽车了。

"人生好比金字塔，底座越厚实，顶点就垒得越高。"梁赫时时这样提醒自己努力学习各种新的知识，垒实自己的“底座”。十多年来，他不仅屡次避过了被裁的危机，而且一次次得到提拔，从一名普通的修理工成为了不可或缺的高级技师。

当市场不景气时，如果你担心失去自己的工作，那么不妨学学事例中梁赫的做法，提醒自己：“或许下一批被裁的员工中就有我。”随时做好被裁的准备，强大自己的内心力量，提升自己各方面的能力，成为不可替代的人，你就能在竞争激烈的职场上站稳脚步，并且成为成功的佼佼者。

第11章 不因别人的优秀而影响自己的成功

对于别人的优势与取得的成功，平静地看待、真诚地祝福，不忌妒、不攀比、不自卑，这是内心强大的标识。

忌妒乃“万恶之源”，切勿忌之入骨

在我们日常生活中存在着这样一些人，当别人在才能、名誉、地位或境遇等方面占有优势的时候，他们不但不虚心学习、真诚祝福，反而会产生不愉快的情感，这其实是忌妒心理在作祟。

忌妒是一种很常见的社会现象，什么时候都不可避免。忌妒不可怕，可怕的是这种心理在内心肆意弥漫，在头脑中不断滋生，乃至忌之入骨、恼怒憎恨、想方设法地去祸害别人时，就成为了“万恶之源”，害人害己。东汉末年东吴名将周瑜就是这样的一个人。

周瑜，字公瑾，乃东吴大都督，他精通军事，又善音律，文韬武略、运筹帷幄，具有大将之才，但是却心胸狭小，对才华横溢、处处胜过自己的诸葛亮心生忌妒、耿耿于怀，想方设法、三番五次地想除掉诸葛亮。

赤壁之战吴蜀联军时，周瑜以军中缺箭为由，令诸葛亮 3 天造好 10 万支箭，并立下了军令状。周瑜暗自高兴，满以为这下可以除掉诸葛亮了。而博学多才的诸葛亮夜观星象，借着大雾去曹营“借”了 10 万多支箭回来复命，使周瑜的阴谋未能得逞。

随后，周瑜又诳骗刘备到东吴，想软禁刘备，架空诸葛亮，谁知诸葛亮识破了他的计谋，让刘备安然地回到了荆州，并且让周瑜中了埋伏，最终落得个“周郎妙计安天下，赔了夫人又折兵”的大笑话，令周瑜气得吐血。

最后，周瑜以攻取西川为名借道荆州，想乘机杀了刘备和诸葛亮等人，夺取蜀国重地荆州，谁知又被诸葛亮识破计谋，将计就计，提前布局，使得周瑜被围，吴兵被打得落花流水，落荒而逃，因此周瑜恼羞成怒，一病不起，留给后人一句:“既生瑜,何生亮?”便气绝身亡,终年36岁。

周瑜三番五次地刁难、谋害诸葛亮,这不是因为忌妒心理而引起的吗?周瑜因妒生愤、因愤生恨、因恨而终,实在是可惜至极。“既生瑜,何生亮?”虽经历了数代时间的荡涤,至今我们仍可体会到其中无奈的爱恨情仇。

忌妒是对高尚心灵的玷污;忌妒是纯洁心灵的敌人;忌妒,是心灵空虚和无能的表现。因为忌妒,我们制造了彼此间的隔阂;因为忌妒,我们变得很卑鄙。有句话说得好:“搬起石头砸自己的脚。”忌妒别人就是这种下场。

人生在世一定要有一颗平静和睦的心,不因别人的优秀影响自己的成就,更不可心怀忌妒之情。平静地看待别人所取得的成功、真诚地祝福别人,这是内心强大的标识,也是拥有幸福人生的秘诀。

在这一点上,匈牙利艺术家弗朗兹·李斯特为我们树立了榜样。

弗朗兹·李斯特是匈牙利作曲家、钢琴家、指挥家和音乐活动家,对欧洲19世纪的音乐发挥了重要影响,有人说他是有史以来最擅长表演的钢琴家,也是亘古溯今最伟大的钢琴家,尤其是他对新秀们、后辈们的优秀人才不忌妒,也不感到威胁,并大力提携杰出的人才,赢得了众人的敬仰。

19世纪初,肖邦从波兰流亡到巴黎,当时李斯特已蜚声乐坛,而肖邦还是一个默默无闻的小人物。李斯特对肖邦的才华深为赞赏,他一心想帮助这个年轻人赢得声誉。李斯特想了个妙法:那时候钢琴演奏时往往要熄灭剧场的灯,灯一灭,李斯特就悄悄让肖邦过来代替自己演奏,观众被美妙的钢琴演奏征服了。演奏完毕,灯亮了,人们既为出现了这位钢琴演奏的新星而高兴,又对李斯特推荐新秀的行为深表钦佩。

除此之外,李斯特还利用宫廷乐长和指挥的职位广为宣传和演奏当时欧洲一些作者的新作,介绍他们的音乐风格,使这些音乐受到世人的认可。法国的柏辽兹、捷克斯洛伐克的斯美塔纳,还有俄罗斯的柴可夫斯基等人都得到了他的大力提携和鼓励。“钢琴之王”、“民族艺术家”这样的桂冠,李斯特名至实归。

如果李斯特忌妒肖邦、柴可夫斯基等人的才华，利用自己在乐坛上的权威打击、压制他们的信心和发展，那么他的内心必将备受煎熬，还会成为历史上的丑角，而不是声誉卓著、影响深远的艺术家。

诺贝尔文学奖获得者伯特兰·罗素在其《快乐哲学》一书中谈到忌妒时说："忌妒是一种罪恶，它的作用很可怕，只会使人走向死亡与毁灭。要摆脱这种绝望，寻找康庄大道，文明人必须像他已经扩展了的大脑一样，扩展他的心胸。他必须学会超越自我，在超越自我的过程中学会像宇宙万物那样广阔无边、逍遥自在。"

总之，千万不要因为别人的能力、成就等超过自己，或者长得比自己漂亮、帅气就妒之入骨，大发"既生瑜，何生亮"的感叹。除掉根植在你心中的忌妒，以诚待人、与人为善，这对于你将有着极大的益处。

将不服气转化为长志气

有些人自高自大，总认为自己最好，不愿意承认和接受别人比自己优秀的现实，常常一副"老子天下第一"、谁也不服的样子，还吃不到葡萄说葡萄酸，挑剔、贬斥别人所取得的成就。

现今社会中，这样的例子并不少见。

志高在一家公司做了四五年了，眼看着和自己一起进公司的人都得到了不同程度的提升，自己却依然在原地踏步，他心里便不平衡起来，整天不是抱怨单位对自己不公平，就是骂单位的人运气比自己好，背后使了见不得人的手段。

志高的妻子是一个善意人意的女人，她告诉志高："既然别人得到了提升，自然有人家的价值所在，你好好想一想你需要在哪些方面努力，多学习一下别人。"谁知，志高鼻子一哼，气恼地说："学习他们？你是不知道，小刘只是本科毕业，哪有我研究生学历高；小张连个简单的游戏都玩不好，哪有我聪明……"

在这种心态下，志高对单位和同事满腹怨言，工作表现自然也越来越不好，结果惨遭单位的辞退。老板给出的理由是："除了你，公司所有的人都在进步，我原本希望你可以多向大家学习一下，赶紧跟上来，但是你根本就不服气，更别提提高自己了。对不起，我不想公司被扯后腿。"

由此可见，不能平静地看待别人的优秀，不服气别人取得的成绩，不怪自己不努力、不进取，郁郁寡欢、唉声叹气，甚至挑剔、贬斥别人所取得的成就，这不仅于事无补，还会灭了自己的威风，毁了自己的前程。

既然如此，面对他人的进步和成绩，不如将不服气变为长志气。何为"长志气"？就是平静地看待别人的优秀，把别人的优秀转化为自己发奋向上的动力——"你比我强，我要比你更强才行。"这种"不服输"的精神不仅会使你不受别人的影响，而且最终会提高自己、超越对手。

因此，我们永远不能以自我为中心，认为别人不如自己，要知道"天外有天，人外有人"这句话的内涵，也要永远牢记"强中自有强中手"。客观地评价一下自己和别人，自然能够找出一定的差距和问题。

不因别人的优秀影响自己的成功，平静地看待别人的长处，真诚地给予祝福，将不服气变为长志气，培养自己落后了就要努力赶超别人的强大心理，努力在自己身上下功夫，相信很快就会取得成效。

需要注意的是，有时你很有可能真的不如对方优秀，各方面的能力好不容易接近他了，他又把你抛在后面了，这种情形实在令人难堪，不过不要灰心，经过这一段"跟"的过程，你的意志受到了磨炼，内心得到了锻炼，自己的成绩和实力也得到了验证，这将是你一辈子宝贵的财富。

少一点儿攀比之心，生活会更美好

现代社会，一些人的攀比心理很严重，甲买了一个金戒指，乙就要买一条金项链；甲买了100平方米的房子，乙就要买150平方米的房子；甲签了一份大订单，乙就要拿下一张更大的单子；甲升职为部门经理，乙就要当级别更高的CEO……

攀比心理是危险的，它在挑拨我们的野心，从而导致他人有一个，我就要两个；他人有两个，我就要4个的贪婪心理，如此将永远得不到心理上的满足。目标暂时达成便欣喜若狂，若是比输了，失落之情便油然而生，苦恼也就此产生了。

像这样的现象，生活中很常见。

文瑜是一位都市白领，婚后一直和丈夫租房住。后来一位朋友买了新房，文瑜眼红心动，和丈夫吵着闹着要买房。由于资金有限，两人精挑细选后在郊区买了一套二居室的房子。住在自己的家里自然舒适又方便，文瑜心中乐开了花。

但是没过多久，另一位好朋友也买了一套房。装修好后，朋友打电话让文瑜到家里参观。朋友的房子地段好，而且房子面积还很大，里面的装修也很高档，因此，文瑜原本买到房的好心情被朋友“更好”的房子给冲击掉了。

回到家后，文瑜怎么看都觉得自己的房子不够好，再也没有舒适、方便的感觉了，后来她又劝丈夫“重新动动”，要在市区买房，而且还偏要和那位朋友住同一栋楼，为此夫妻俩整日深受口舌之磨、身心之疲，好好的家庭从此变得鸡犬不宁。

由此可见,这就是攀比心理作祟的后果。

攀比是把自己的生活重心放在别人身上,将幸福建立在与他人比较的基础之上,只要尝试过一次“更好”的滋味,就想寻求到更多的“更好”,让所得到的也变得毫无生机和意义,这是多么愚蠢的举动。

攀比是人之常情,看到别人赚了钱、买了房、买了车,等等,凡夫俗子哪个能平静对待?哪个心中不掀起一片波澜?就算是那些得道高僧,恐怕也要念 3 声“阿弥陀佛”才能镇住自己的欲望和邪念。苛刻一点地说,执迷于攀比,试图在与他人的比较中建立生命价值感恐怕是一个人内在虚弱的表现。

然而,人是能够主导自己的。面对自己和别人的差距,假如我们能强大自己的内心,摆正自己的心态,理性地看待别人的优秀,就能很大程度上减少内心的不平衡感,获得内心的满足感。

要知道,在这个世界上,每个人都是一个完全不同的个体,没有完全相同的两片叶子,人与人之间的差异是永远存在的,因此根本不具可比性。比或被比都不是寻找这种美好生活的正确途径。更何况,人生就好像一场人人皆参赛的“龟兔赛跑”,谁跑得快或慢、成功或失败,不到最后一秒钟谁也不知道结果。既然如此,还老把目光集中在别人身上,和别人攀比什么呢?

因此,少一点儿攀比之心吧。对于别人的成就和美满,不必立即陷入攀比的泥淖,不如汲取一些别人的成功经验,将其内化为自己的优秀品质。别人的成功带给我们的应该是启示和思考,而不应该成为我们不幸的理由。

马楚和文成住在同一个小区,两人又是同窗好友,从小就开始了比较,比长相、比学习、比工作……马楚的才华、人品及家世都好,所以步出社会后,事业便一帆风顺,短短几年就位居某公司经理,意气风发、不可一世;而文成虽有才能,不知是努力不够还是运气较差,几年下来工作始终不如意。

文成一度眼红于马楚的优秀:“你有新房子,以后我要买比你更大的房子”、“你有新车子,以后我要买比你更高档的车子”、“你有钱,以后我要比你更有钱”……但是，很快文成便发现这种比较的生活方式令自己一点儿也不快乐，调整心态后，他开始安心地做着份内的工作，并努力培养自己的实力。

几年后，马楚因经营不善而使公司面临财务危机，只好结束营业，致使多年的辛苦经营付之一炬；而文成的脚步虽慢，但是采取稳扎稳打的方式，并以其多年累积的经验、实力及资源获得了施展的空间，而使事业渐入佳境。

有付出才会有收获，所有的成功都是通过努力才获得的，一味地攀比并不能让你成功，与人攀比的时候最好想想自己的实力，然后再想想自己该怎样努力才能比别人拥有得更多。如果你付出了努力，事情就会发生变化，你就会得到你所想要的。

最后，当你心情烦躁的时候，请自觉地自问一下：“我是否正处于攀比后不平衡的心理状态下？”如果是，那么请赶紧远离这种攀比，因为一旦养成这种习惯，你的快乐和幸福便会随时随地被吞噬掉。

不要羡慕别人，因为你也有别人羡慕的地方

生活中常常打扰我们、让我们感到不安的往往不是来自外界环境的影响，而是我们自己。我们总是在羡慕别人的生活，不能心平气和地面对，结果让自己混乱和迷茫，使自己的内心不得安宁。

在现实生活中有这样一种挺有意思的现象：孩子仰慕大人的成熟稳重，大人顾念孩子的单纯率直；女孩向往男孩坚强豪放的天性，男孩也会偷偷艳羡女孩的娇嗔灵动；普通人钦慕名人的卓越尊显，名人又何尝不垂涎普通人的平凡自在……

每个人都有每个人的世界，你羡慕对方，可能对方也在羡慕你，人生就

是这样，既然如此，你是否想过强大自己的内心，不忌妒、不攀比，珍惜自己所拥有的，不羡慕别人的生活，不因别人的优秀影响自己的成功。

诚然，有些人的确看起来比我们成功、比我们优秀，但我们依然无须心生羡慕之情，以一颗平静之心对待即可。要知道，人生失意无南北，宫殿里也会有悲恸，茅屋里同样也会有笑声。而平时生活中，无论是别人展示的还是我们关注的总是风光的一面、得意的一面，这正是羡慕别人的盲区。

比如，淹没在鲜花和掌声中的英国王妃戴安娜如果没有魂断天涯，又有几人知道她与查尔斯王子的那场“经典爱情”竟然是那么糟糕；美国前总统里根人前风光无限，名利双收，却备受不孝子的敲诈、虐待，心酸的程度可想而知……

更何况，当羡慕别人的收入和风光时，付出的辛苦自然也不少。当你心生艳羡的时候，不妨问问自己：如果可能，我愿意扮演对方的角色吗？承担他的一切、风光和失意、顺境和逆境，通宵达旦地加班、彻夜不眠地思考、马不停蹄地奔波吗？……如果你不想那么累，又何必羡慕对方呢？

有这样一个有趣的故事，值得我们好好地体味一下。

在一条河的两岸，一边住着凡夫俗子，另一边住着僧人。凡夫俗子们看到僧人们每天无忧无虑，只是诵经撞钟，十分羡慕；僧人们看到凡夫俗子每天日出而作、日落而息，也十分向往那样的生活。

日子久了，凡夫俗子们和僧人们各自在心中渴望着到对岸去，于是，他们达成了一个协议，互换对方的生活。就这样，凡夫俗子们过起了僧人的生活，僧人们过上了凡夫俗子的日子。

几个月过去了，成为僧人的凡夫俗子们发现，原来僧人的日子并不好过，悠闲自在的日子让他们感到无所适从，便又怀念起以前的生活，而成为凡夫俗子的僧人们也体会到，他们根本无法忍受世间的种种辛劳、烦恼……

又过了一段日子，他们各自心中又开始渴望着到对岸去。

也许，他的生活是荷塘月色般的美景，而你的生活则是如丝小雨中漫步的惬意。那些内心强大的人懂得这一道理，他们对于别人的好，总是能够平静地看待、真诚地祝福，不苛求、不欲取、不羡慕。

不去羡慕别人，你才能生活在自己的天地里，才能不受外界的干扰，从容地做自己的事；不去羡慕别人，你才会过好自己的生活，日子就会变得悠然平静、从容不迫，完成自己的事业，达到自己的目标。

萨依特曾是一位政府高官，34岁就做了副市长，后来因为一次事故被免职。大家都为萨依特惋惜，认为他会非常痛苦，谁想萨依特却在自家的小菜园上种菜、施肥、捉虫，过起了平民百姓的生活。

离官退位后，萨特的周围依然是一些显赫的人士，富翁、高官、大财团的董事长……很显然，他的生活比别人差了几个等级，但是他从不理会别人的富贵，更不去羡慕别人的日子，依然我行我素地过着自己的简朴生活。没事的时候，他就走街串巷，收集一些民间陶器作为自己的爱好。

七八年过去，萨依特竟然收集了几十件世界顶级的民间珍宝，每一件都值上千万美元，他成为令人羡慕的世界级收藏大师。有人问萨依特为何如此幸运，萨依特回答："因为我从不去羡慕别人的生活，不受外界干扰地干自己的事。"

实际上，无论你是谁、身在何处，都会有许多熟悉或陌生的人在羡慕着你。

因此，收回投在别人身上聚集的目光，不去羡慕别人，好好审视自己拥有的幸福，一心一意、心平气和地做好自己，如此你不仅不被别人的优秀所影响，而且你的优秀会左右更多人的命运。

发挥自己的长处,发现自身的价值

在如今纷繁复杂、竞争激烈的社会中,作为社会中一分子的我们不可能时时处处都会强于别人,我们总会有不如他人的地方,若不想因别人的优秀而影响自己的成功,就要发挥自己的长处,发现自身的价值。

有一篇《小鸡游泳》的寓言故事,读后令人受益匪浅。

有一天,小鸡在河岸边捉虫子,看见有一只小鸭在河里游来游去,不一会儿还从水里叼出一条新鲜的小鱼,看起来快活极了,于是小鸡对自己说:“不就是游泳吗,不就是捉鱼吗?我也会。”说完,就摆出了一副要跳下去的姿势。

小鸭看见了,游过来说:“你不会游泳的,还是别跳下去吧!”但是小鸡不听,还气冲冲地说:“哼,我就让你瞧瞧!”于是小鸡扑扑翅膀立刻跳进了河,只听“嗵”的一声,它的身体慢慢地往下沉,它害怕地用翅膀拍打水面,大叫:“救命啊!救命啊……”

在小鸭的帮助下,小鸡好不容易爬上了岸,它身上的羽毛全湿了,看起来就像一只“落汤鸡”。小鸭对小鸡说:“你们是不会游泳的,不像我们鸭子天生就是游泳的好手,你如果跳下水是会有生命危险的,你下次不要这样了。”

小鸡听了脸红了,对小鸭点了点头,又跳着去捉虫子了。

这个故事启迪我们,人要对自己有正确的认识,知道自己的短处和长处,要做自己擅长的事情,不要盲目地模仿别人,因为适合别人的事情未必适合你,别人擅长的事情或许正是你的弱项,“以短比长”只会让自己吃亏、受到伤害。

汉高祖刘邦雄才伟略、聪明绝顶,尤其能驾驭人,却不擅统兵,带兵能力仅为10万；韩信不擅政事，却熟谙兵法，“略不世出”，用兵多多益善。试想，如果两者互换位置，还会在各自的领域叱咤风云吗？恐怕历史就得重写了。

有一句古话：“天生我才必有用。”追求成功的途径和方式有很多种，正所谓“条条大路通罗马”、“三百六十行，行行出状元”。每个人都应该强大自己的内心，平静地看待别人的优秀，对自己有一个清醒的认识、扬己所长、避己之短，量力而为，恰到好处，这不失为培养自信心、消除自卑感和忌妒心理的有效方法。

格里格·洛加尼斯小时候是一个非常害羞的男孩，又有点儿口吃，在阅读与讲话方面不尽如人意，还曾被归入学习最差学生的行列，还经常受到同伴的嘲笑和作弄。看着别人都比自己优秀，洛加尼斯既羡慕，又忌妒，还有些自卑。

不过，洛加尼斯是一个聪明的人，通过一段时间的思考，他发现自己的天赋在运动方面，而不是学习。认清这点后，他决心集中精力到自己的特长上，展现自己的运动天分。由于自身的天赋和努力，洛加尼斯果然开始在各种体育比赛中崭露头角，赢得了老师和同学的尊重。

后来，在一位前奥运会跳水冠军的指点下，洛加尼斯接受了跳水专业训练。经过长期的努力，他终于在跳水方面取得了骄人的成就：16岁成为美国奥运会代表团成员，28岁时已获得6项世界冠军、3枚奥运会奖牌、3个世界杯和许多其他奖项；1987年作为世界最佳运动员获得欧文斯奖，达到了一个运动员荣誉的顶峰。

若在学习上与别人竞争，即使经过许多年也不过是个普普通通的学生，洛加尼斯认识到了这一点，于是他开始留意自己的长处，平静地看待别人的好，扬长避短，凭借自己的优势，最终获得了成功的人生，修炼了“悍马”般强大的心理。

承认自己在某方面不如别人，不因别人的优秀影响自己是很困难的，需要一定的勇气，但倘若一生都不敢正视这一现实，看见别人的好就盲目地模仿，踉踉跄跄地走在完全不适合自己的路上，身心备受折磨，那不是更痛苦吗？

强大自己的内心，平静地看待别人的好，只做自己所能的事情。当你为之努力时，你就可以比较轻松地做出一番成就，找到自信和成就的感觉，从而活出个性、活出自我、活出精彩，如此，相信你的成功之路会越走越宽阔。

第12章

可以情绪化，但不可以“只放不收”

一个内心强大的人能够克制自己的情绪，战胜愤怒、怨恨和仇视的情绪，以自由而博爱的心态与人交往。

别让怒气蒙住理智的眼睛

“一怒之下踢石头，只会痛着脚趾头。”生活不可能平静如水，人生不会事事如意，人的感情出现某些波动是很自然的事情。但是如果内心不够强大、自我克制力不够，遇到一点儿不顺心的事就火冒三丈、怒不可遏，结果就会让怒气蒙住理智的眼睛，后果不堪设想。

拿破仑是战场上的“常胜将军”，但他在精神领域却显然不是强者，他太容易动怒了。有一次，拿破仑得到消息，说他的外交大臣塔里兰勾结外敌密谋造反，于是他匆忙地从西班牙赶回来，一看到塔里兰就控制不住自己的情绪，愤怒地看着对方，恨不得用自己眼中的怒火将之化为灰烬。

塔里兰的确有谋反的意图，他深知拿破仑的性格，他想激发拿破仑的怒气，让他发火，从而失去领导者的权威，所以他故意没有说话，只是用疑惑的眼神看着拿破仑。终于，拿破仑的怒火像火山一样喷发了，他冲着塔里兰大喊：“你的权力是我给的，你的财富也是我给的，你竟然背叛我，你这个忘恩负义的家伙，没有我你什么都不是，你不过是一堆狗屎，我再也不想见到你。”说完便甩袖而去。

此时，塔里兰依然镇定自若，一副很绅士的样子，等拿破仑走后他才站了起来，一脸平静地对大臣们说：“我们伟大的皇帝今天是怎么了？他为什么对我如此叫喊？我可没有做什么对不起他的事情。或许是他心情不好才会这么没有教养，真是遗憾。”

拿破仑在愤怒下失去了理智，他的失态和塔里兰的镇定形成了鲜明的对比，这件事被大肆渲染地传开了，在一个注重绅士风度的国家，人们很难容忍这样的歇斯底里，尤其是一个权威的领导者，拿破仑的威望也因此在人民心中大打折扣，最后他居然丧失了主宰大局的权力，从而让塔里兰的阴谋得逞。

由此可见，一味地发泄怒火不能够解决任何问题，也不能给我们带来任何的快乐，反而会毁坏自己的形象、伤害别人的感情，使原本不如意的事情雪上加霜，我们内心也将会更受折磨、倍感痛苦。

其实，如果拿破仑强化一下内心的力量，稍微控制一下怒气，就能理智地处理好塔里兰的问题。比如，他可以自我反省，分析大臣为什么要背叛自己，是不是自己有什么缺点需要改正；也可以私底下与塔里兰谈一谈，争取塔里兰的回心转意；还可以公布塔里兰的罪状，从而处死他，从而起到杀鸡儆猴的作用。

在现实生活中，人们因为不可抑制的愤怒、不理智做事，其后果极其严重：因为老板的一句无心之语，意气用事，盲目地提出辞职；为了一点儿小事、一丝隔阂而冲动、发怒，闹得夫妻不和，最后分道扬镳……

与此同时，人生气时很难保持心理平衡，体内会分泌出带有毒素的物质，对健康十分不利。其中，美国生理学家爱尔马把人在生气时呼出的“汽水”注射在大白鼠身上，12 分钟后，大白鼠竟然死亡了，对人体的危害可想而知。

既然如此，何必动怒呢?要知道，任何事情都不能证明你发怒是正当的，你发怒的原因总在你自身。所谓“心生则种种法生，心灭则种种法减”。愤怒是消极的心境，掌控自己的内心，有生有减，这就是不生气的秘诀。

有一首诗说：“哪怕你心中燃起熊熊烈火，也不要在你鼻孔中飘出丝丝青烟。”别再一味地“生气了”，学着“收收”自己的情绪吧。那些内心强大的人必然有强悍的自制力，知道如何控制怒气、如何疏导怒气，不让怒气蒙住理智的眼睛，妥善处世，以自由而博爱的心态与人交往。

一位禅师对兰花十分钟爱，弘法讲经之余，他精心培植了许多兰花，花费了很多时间和心血。有一天，禅师要出去云游一段时间，临行前嘱咐他的弟子们一定要替自己好好照料那些兰花，弟子们答应了。

接下来的日子里，弟子们很悉心地照料着这些花儿。但一位弟子在给兰花浇水的时候却不小心将整个兰花架子碰倒了，架子上的所有花盆都摔碎了，兰花也被摔得支离破碎，弟子们惊慌失措，做好了赔罪领罚的准备。

禅师云游归来，听闻此事，丝毫没有生气。弟子们都疑惑不解，禅师神态平静而祥和地解释道："我种兰花，一则是用来供佛，二则是用来美化寺院，不是用来生气的。并且，生气也不能让兰花复活，我又何必生气呢？"

弟子们听后顿时恍悟……

克制自己的怒气，做到平心静气绝对是一种高深的境界，需要"悍马"般强大的内心做支撑。故事中的禅师无疑拥有一颗无比强大的心，是不被怒气所控制的智者，所以即使钟爱兰花，也不会因兰花的得失而影响心情。

在生活中，我们也应当像禅师一样，学会克制自己的情绪、战胜愤怒的情绪，由此你会发现，心平气和、理智冷静地解决问题比生气要好得多。如此一来，气消了，智慧也增长了，而且能够找到人生中的另一番祥和。

深呼吸是一个很有效的制怒方法。当怒火中烧时，立即放松自己，做几个深呼吸。深呼吸后，氧气得到了补充会提高心脏的活力、增强心理的承受能力，情绪得到一定程度的抑制，如此你就有了一定的自控能力。

对坏情绪的"来访"说"不"

人的一生,不可避免地要面临坏情绪的"来访",与坏情绪相处。比如,考试与晋升的失利、人际关系的紧张、家庭成员的矛盾、经济状况的拮据,等等,这诸多的不如意多少都会引发我们恨、怨、恼、怒、烦等坏情绪。

这时候,如果我们内心孱弱,无法抵御坏情绪的干扰,任其蔓延,就会陷入可怕的被动局面,它会掠夺我们心灵的财富,使我们的内心变得沉寂、冷漠、畏缩,找不到闲适和祥和的感觉……如此一来,我们只会方寸大乱、满盘皆输。下面的例子充分地说明了这一点。

1965年9月7日,世界台球冠军争夺赛在美国纽约举行。刘易斯·福克斯以绝对优势将其他选手甩到身后,已经胜利在望了,只要再打几分他便可以稳拿冠军。可是,就在这时,突然出现了一个小状况:一只苍蝇落在刘易斯的主球上。

刘易斯赶忙挥手将苍蝇赶走,可是当他再次俯身准备击球时,那只苍蝇又落到了主球上,这个时候,刘易斯的情绪发生了一些变化,他开始变得苦闷、恼火,又一次起身驱赶苍蝇。

然而,那只苍蝇仿佛是有意与刘易斯作对,只要他一回到球台准备击球,它就会重新落到主球上来,这使得现场的观众哈哈大笑,而刘易斯的情绪恶劣到了极点,他突然用球杆去击打苍蝇,结果球杆触动了主球,裁判判他击球,他也因此失去了一轮机会。之后,刘易斯一下子方寸大乱,连连失利,最终输掉了比赛。

一名所向无敌的世界冠军居然被一只小小的苍蝇打败了,多么不可思议。

其实这还不是关键，刘易斯·福克斯居然没有考虑如何控制自己沮丧、失落、恼火的情绪，而是再一次以一种更加不理智的行为上演了悲剧——他投河自杀了。

这位世界冠军之所以会有这样的悲剧，原因很简单，他的内心不够强大，不懂得控制自己的情绪，以致让坏情绪泛滥成灾，主宰了自己，影响了自己的行为和生活状态，真是得不偿失、可悲可叹。

美国作家罗伯·怀特说过："任何时候，一个人都不应该做自己情绪的奴隶，不应该使一切行动都受制于自己的情绪，而应该反过来控制情绪。无论境况多么糟糕，你应该努力去支配你的情绪，把自己从黑暗中拯救出来。"

的确，内心的强大在于懂得怎样控制坏情绪，而不为坏情绪所反制。你可曾见过这样一些人，他们虽然遭到公然的冒犯，但只是脸色稍微发白，平静地做出回复？你可曾见过这样一些人，他们虽然痛苦万分，却依然可以控制自己，犹如用坚硬的岩石雕刻出来的雕像一样平静？这就是心灵的力量。

事实上，情绪是可以管理的。情绪管理就是通过对自身情绪的认识加以协调、引导和控制。比如，对恨、怨、恼、怒、烦等坏情绪进行适当的抵御或排解，仇恨时宜释放、自解；愤怨时应转移、分散；烦恼时寻求支持、帮助、消遣……

控制内在状态的力量，管理或战胜坏情绪，不再被恨、怨、恼、怒、烦等坏情绪所干扰，你就成为了自己情绪的主人，从而使自身强大的精神力量能够充分地发挥出来，如此，那些诸多不如意的事情就无法再冲击你内在那道实心"墙"了，进而保证身心健康的平衡，不使自己受到不必要的伤害。

库莎是一个快乐的百岁老人，她每一天都生活在快乐之中。在她的世界里，似乎从来没有发生过不快乐的事情。当然，这份快乐使她成为朋友圈中最受欢迎的女人，尽管她不够美丽，而且早已满头白发、皱纹横生。

有一次，电视台记者采访库莎："您儿孙满堂，身边又有很多朋友，我见您每天都很快乐，您的生活中一定事事都如意吧？请问您有什么秘方吗？”

这时，库莎说了一句话：“装聋作哑。”

怎么装聋作哑呢？记者不理解。

库莎接着说：“你看，我儿子、孙子、重孙子都有了。有的挺喜欢我的，搂着我的脖子，和我说说笑笑；有的孩子淘气，恶作剧地拽我的耳垂，还拽我下巴的赘肉，我也挺高兴。有的也烦我，说这个老不死的。我听见好几次了，但我跟没听见一样，爱谁说谁说，自己不气不恼、不悲不愤，自然快乐长寿。”

好一个“不气不恼、不悲不愤，自然快乐长寿”。

英国科学家托马斯·赫胥黎曾写过这样的话：“我希望见到这样的人，年轻的时候接受过很好的训练，非凡的意志力成为他身体的真正主人。他身体的机能和力量就如同机器一样，根据其精神的命令准备随时接受任何工作，无论是编织蜘蛛网这样的细活还是铸造铁锚这样的体力活。”

造物主赋予了我们每个人主宰命运的力量，这份力量足以克服最坏、最糟糕的情绪。只要你不断地强大自己的内心，就完全可以战胜坏情绪，控制好自己的情绪。将这份力量一直保持下去吧，这会给你带来很大益处。

适可而止，得饶人处且饶人

人与人之间相处，磕磕绊绊的事情难免会发生，如果我们太过于情绪化，过分地数落、指责，甚至打击、报复对方，这种行为不但解决不了问题，反而令人反感，可能会激发对方强烈的逆反心理。

公共汽车上人多且特别挤，一个年轻小伙子不小心踩到了一位中年妇女的脚。小伙子还没来得及说话，妇女却因一时不高兴而张口就说：“这么大一个小伙子，眼神不好啊，欺负我这么大岁数的人干嘛？”

小伙子一听气不打一处来，心想：即使是我踩了你一下，你也应该好好说，怎么可以这么出言不逊呢？于是也说出了一句难听的话：“我又不是故意的，怎么就成了欺负您了啊？莫名其妙。”

显然，妇女更不高兴了，抬着胳膊，伸出手指指着小伙子的鼻梁，嘴唇上下急速地翻个不停：“难道你还觉得自己有理不成？现在的年轻人都不学好。我看你那样儿，就知道你父母没有好好地教育你……”

这下，小伙子的火更大了：“你这人怎么说话呢？”说完就要往前冲。

多亏车里的人左劝右劝，好不容易才让他俩消了气儿。

这位中年妇女的做法是典型的得理不饶人，本来只是小事一桩，可是她却为此大动肝火、逞口舌之快，结果导致矛盾激化，小事闹大。从更坏一方面去想，如果没有其他乘客的劝架，后果不堪设想。

强化自己内心的包容度，克制自己的情绪，得饶人处且饶人，不争一时之短长，不争一言之褒贬，如此，再大的矛盾也会得到解决，不快的情绪就会土崩瓦解、烟消云散，别人也会为你的举动而感动和敬佩。

前些年，曼彻斯特的一位出版商出版了一本小册子，里面的言辞低级粗野，竭尽全力地丑化“格兰特兄弟”公司，造谣说他们的服务不可靠、产品很差劲。总经理威廉姆·格兰特十分气愤，他扬言说写这本册子的人一定会后悔的，那个出版商毫不在意地说：“格兰特能把我怎么样？除非我以后会欠他的债，但怎么可能呢。”

但是，生意人是不可能自己选择债主的。后来，格兰特手中真的持有了一张他的承兑汇票，那是另一个破产的商人转让的，上面还有他的转让认可签名。出版商需要所有债主的证明报告，否则就再也不能经商了。但是，他不敢奢望格兰特会给他签名。试想，让受到谣言伤害的人对造谣者毫不计较，怎么可能？格兰特现在肯定会让自己为当初的言行负责的，出版商感到十分绝望。

后来在妻子的劝说下，出版商决定试一试，他忐忑不安地敲响了格兰特办公室的大门。当时，格兰特独自一人在办公室，出版商紧张而愧疚地站在格兰特面前，面红耳赤地说明了自己的情况，然后递上证明报告。

格兰特接过证明报告后边看边说：“我记得，你曾出版过一本诽谤我们公司的册子。”一切都完了，出版商看到格兰特在文件上写了几句，心想格兰特一定写着大骂自己的话。然而，当接过文件时，这个灰心失望的出版商看到了“威廉姆·格兰特”几个清晰的大字，顿时他又惊又喜，不知所措。

格兰特顿了顿，说道：“我们的公司并没有你所说的那么差劲，不过我也信奉‘冤冤相报何时了，得饶人处且饶人’的道理。伙计，一切都过去了。虽然我说过会让你为自己的作为后悔，但那并不是威胁，只是要你在了解我们之后为自己曾伤害过这样的人们而难过。我想你如今已经后悔了，不是吗？”

出版商感动极了，呜咽着说：“当然，事实如此，我从没有如此强烈地后悔过。”

生活中，人与人之间发生矛盾在所难免。一旦有了纷争，即使自己在理也应避免过分的数落、指责、打击或报复对方。“得饶人处且饶人”，给别人留有余地和退路，实际上就等于给对方提供了改过的机会，这种“润物细无声”的教育何乐而不为呢？更何况，人非圣贤，孰能无过？谁不希望自己在犯错时得到别人的原谅呢？

有句诗云：“烂柯真诀妙通神，一局曾经几度春。自出洞来无敌手，得饶人处且饶人。”一个人越不锱铢必较、不斤斤计较，表现得和和气气，往往越能显示出其胸襟之坦荡、修养之深厚、心灵之强大。

有的人，无理争三分，得理不让人；而有的人，有理也让三分，得饶人处且饶人。谁聪明、谁愚蠢，不言而喻、一目了然。我们应该记住这句话：“不要与傻瓜较真，否则将分不清谁是傻瓜。”

在心田盛放一朵紫罗兰

因为生存的空间不同、成长的环境不同，也由于后天各类因素的影响，每个人都有不同程度的弱点与缺失，人际交往时难免会产生摩擦、矛盾等。此时，我们应该学会自控、学会宽容，这是对别人的释怀，也是对自己的善待。

在《鹿鼎记》中，顺治对康熙说："人生最难学的就是宽恕，然而最珍贵的也是宽恕。"的确，宽容并不是任何人赋予我们的，而是自己对自己的一种赐福。一个肯在别人心里播撒下爱的种子的人会收获盛开的鲜花。

有这样一句经典的话："如果你踩了刺猬，你会被它身上的刺刺伤；如果你踩了狗，它会对你进行攻击；但如果你一只脚踩扁了紫罗兰，你会发现，它却把香味留在了你脚的跟上，这就是宽恕。"

对于别人的过失，必要的指责无可厚非，但是如果我们能够"收收"自己的情绪，在心田盛放一朵紫罗兰，以博大的胸怀去宽容别人，是否会觉得更具有化干戈为玉帛的魔力，而我们自己也能够从容不迫、安享生活乐趣呢?

宽容是蔚蓝的大海，纳百川而清澈明净；宽容是高阔的天空，怀天下而不计怨愤。宽容，意味着我们有良好的心理素质。这正像紫罗兰给我们的启示，当我们以宽容之心度他人之过时，留下的是崇高与豁达、坦然与豪迈。

为自己培养一颗紫罗兰的心，用宽容之力扩充自己的内心吧，因为宽容是一种智慧和力量，是一种仁爱的光芒。在这个世界上，没有什么能跳出宽容的胸怀，没有什么能遮挡人性的光辉，没有什么能抗衡博爱的温暖。

战国后期，秦赵两国的渑池之会因为蔺相如的机智勇敢，最终不仅完璧归赵，而且赵秦互不侵犯。赵惠文王顾念蔺相如两次出使，保全赵国不受屈辱，便拜他为上卿，地位在大将军廉颇之上。

廉颇自恃自己功劳很大，不把蔺相如放在眼里，私下对自己的门客说：“蔺相如有什么了不起？不就在秦王面前耍了几句嘴皮子吗？倒爬到我头上来了。哼！我见到蔺相如，非要给他点儿颜色看看。”这话传到蔺相如的耳朵里，蔺相如并没有生气，而是常常称病不朝，不跟廉颇发生正面冲突。

有一天，蔺相如带着门客坐车出门，真是冤家路窄，老远就瞧见廉颇的车马迎面而来，蔺相如急忙叫车夫退到小巷里去躲一躲，让廉颇的车马先过去。门客对此十分不满，他们认为蔺相如胆小怕事。

蔺相如对门客说：“我连秦王都不怕，难道还会怕廉颇吗？秦国那么强大，之所以不敢入侵赵国，是因为他们知道在赵国文有蔺相如，武有廉颇。我们二人是赵国的屏障，要是我们两人不合，秦国就会趁机来侵犯赵国，这样的局势对赵国不好。为了国家的安危，我是不会和廉颇一较长短的。”

廉颇听到这番话后十分惭愧，他裸着上身，背着荆条，亲自跪倒在蔺相如的府前请罪：“我一个山野村夫，见识少、气量小，屡次得罪相国，而相国能够以大局为重，对我如此宽容，我实在没脸来见您，请您责打我吧。”

蔺相如丝毫没有计较，连忙扶起廉颇，感慨何来有罪之理。从此以后，蔺相如和廉颇两人成了生死之交的朋友，他们一文一武，联手为赵国效力，使得秦国在一定时间内不敢轻易地攻击赵国。

廉颇自恃功大，气量狭小，几次羞辱蔺相如，而蔺相如却克制自己的情绪，以礼相对、处处让步，这是何等的胸襟？何等的心怀？这种宽容感化了廉颇，至今灿灿生辉，折射着人性的光芒。

雨果曾说：“宽容就像清凉的甘露，浇灌了干枯的心灵；宽容就像暖和的壁炉，温热了冰凉麻痹的心；宽容就像不熄的火炬，点燃了冰山下将要熄灭的火种；宽容就像一只魔笛，把沉睡在黑暗中的人叫醒。”

把自己的心胸打开，用坦荡的气度去容纳他人，包容人世间的喜怒哀乐，是是非非、恩恩怨怨……如此你将会看到，你心中的紫罗兰已经盛开了，它那灿烂的笑容是生命旋律中的一丝颤音，是出水芙蓉上的一滴清露，是岁月书卷中的一页温馨。你会发现自己创造了一道令人陶醉的瑰丽风景。

放下仇恨，不要让心"坐牢"

《神雕侠侣》是一部经典的武侠巨著，杨过和小龙女神话般的爱情感动了众多人，而剧中最早出现的人物——杨过的师母、小龙女的师姐李莫愁却是一个被恨焚毁了的女人，她恶毒、残酷，杀人不眨眼。

李莫愁在少女时代是一个温柔多情的女子，她倾心于无意闯入古墓的陆展元，并不顾男女之嫌为其疗伤，本想与陆展元共浴爱河，却没想到之后陆展元移情别恋，娶了另一位女子为妻，李莫愁自此性情大变、由爱转恨。

为了杀死负心汉以解心头之恨，李莫愁离开古墓，背叛师门，大开杀戒，她不仅杀了陆展元全家，而且还杀害了很多无辜的人，双手沾满了鲜血。在绝情谷中被万千情花刺中后仍不忘陆展元，最后烧死于大火中。

李莫愁从一个柔情似水的窈窕淑女变成了杀人不眨眼的冷血魔鬼，花样的年华在仇恨与报复中虚度，她失去了一切，她的青春、她的快乐、她的感情、她的人性、她的生命……仇恨没有给她带来任何好的东西。

仇恨是痛苦的根源，是让痛苦倍增的毒药。它就像鸦片，一旦开始吸食就欲罢不能，当你感觉到了它的沉重，想甩掉它，可是这个时候已经上瘾，直到再也承受不住，最终只能像李莫愁一样跃进火海才得以解脱。

既然如此，我们何必固执地抱着仇恨，让仇恨折磨自己也折磨他人呢？

恰在这一点上，摒弃仇恨的人要比许多人聪明得多，他们清楚地知道，那根掌控心灵的绳索原来可以自己伸手牵过来，然后一点一点松绑，让自己的心放松。

消除仇恨并不需要刻意地复杂而为，只要我们能够强大自己的内心，学会放下心中的怨恨，那么仇恨自然也就没有容身之所了。有一句话说：“我们的心如同一个容器，当爱越来越多的时候，仇恨就会被挤出去。”

仇恨不是好东西，只会摧残我们心灵的力量，不会给我们带来任何的好处。放下仇恨、原谅他人，让自己多一份轻松，对方也会多一份感动和感激，正所谓“人心不是靠武力征服，而是靠爱征服的。”

桃花国是一个“世外桃源”般的小国，百姓们过着无忧无虑的生活。可是，邻国的统治者乐邦野心勃勃，对桃花国垂涎已久，遂发动战争。桃花国国王长寿自知敌强我弱，为了不让黎民百姓陷入水深火热的战乱之中，主动投降，结果被当众烧死。

临刑前，长寿王看到乔装打扮成老百姓的儿子长生混在人群中，他仰天长叹，说不希望儿子为自己报仇，否则会死不瞑目。但杀父之仇不共戴天，怎么能不报呢？长生跟高人学得一手好厨艺，混入宫中当上了厨师，他做出的饭菜精美可口，加上善于阿谀奉承，不久便得到了乐邦王的信任。

有好几次机会，长生能杀掉乐邦王，但是他想起父亲的遗言，又看到乐邦王为国事甚是操劳，始终没能下得了手。后来他决定原谅乐邦王，不再背负这样的仇恨，并坦白了自己的真实身份，长生原以为乐邦王会杀了自己，斩草除根。

谁知，乐邦王得知实情后大受感动，也非常后悔当时的所作所为。为了弥补自己当年的过错，他把桃花国还给了长生，二人结为兄弟，从此两个国家和睦相处、互通有无，老百姓过上了太平富足的日子。

试想，如果长生不能放下对乐邦王的仇恨，一直处心积虑地找机会报复,那么他的心将会日日夜夜都经受着痛苦的折磨。就算他真的杀了乐邦王,他的父亲也不可能起死回生,或许还会引发两国大战,后果不可预想。

一个人如果连仇恨都可以放下、都可以溶解,那么他还有什么不能放下的呢?一个人如果连他的敌人都可以原谅,那么还有谁不能成为他的朋友呢?朋友还是敌人,关键就在我们的一念之间,不要让自己的心坐牢,比什么都重要。

第13章

要比别人更强悍，就要接受“抗压训练”

人生没有绝对的公平，但是具有相对的公平。在一个天平秤上，你得到的越多，也必须比别人承受得更多。

棉花堆里磨不出好刀子

一本叫《禅》的书中，有一句话很有意思："棉花堆里磨不出好刀子。"什么是"棉花堆"？畅通无阻的坦途。好刀是在砺石上不断磨砺出的。什么是砺石？就是生活中大大小小的磨难。

谁不愿意享受舒适的生活呢？但是，生活有着无数的艰难险阻，我们每个人降生到这个世界上的时候就注定了这是一场不得轻松的旅行，辛劳和苦难是我们不能不花的旅费，磨砺自己是一种必须。

不论你是站着还是跪着，磨难都会不加改变地到来。不要以为跪着就矮了一截，磨难的风暴就会刮不到，这只是一种天真的幻想。经常的咒骂和埋怨等于承认自己的脆弱，似乎无论如何也成就不了辉煌的事业。

其实，"铁经淬炼方成钢，凤凰浴火得重生"，一个人要比别人更强悍，就要接受"抗压训练"，比别人承受更多的磨难。《西游记》中的孙悟空不正是在太上老君的炉中淬炼了七七四十九天才练成了火眼金睛吗？

对此，日本著名企业家松下幸之助深有体会。

松下幸之助是日本著名跨国公司"松下电器"的创始人，被人称为"经营之神"，但他并不是一个幸运儿。年幼时父亲早逝、家境贫寒，身为长子的他不得不过早地担负起生活的重担，背井离乡、寄人篱下，体验做人的艰难。

松下先是到大阪的一家宫田火盆店当了小学徒，冬季室内又潮又冷，他每天要不停地擦火盆，冷水将手泡得红肿起来，皮肤还开了裂，疼得厉害，他就咬牙忍着。3个月后火盆店关闭了，他又到自行车店当学徒。每天早晨5点起床，他就开始扫地、擦桌子，后来开始修理自行车、补轮胎等，而后又开始做家电……

1918年，23岁的松下建立了“松下电气器具制作所”，当时环境很艰苦，但松下一直很努力，连续推出了先进的配线器具、电熨斗、无故障收音机等。谁知第一次世界大战爆发了，物价飞涨，产品严重滞销，但松下没有抱怨，他对自己说：“不要害怕，因为这些磨难，现在我已经越来越有接近成功的把握了。”

为了打开市场，松下几乎每天要工作18个小时，功夫不负有心人，公司的生意逐渐有了转机，慢慢走出了困境。结果，“二战”又来了，日本战败使松下变得一无所有，还有高达100万日元的巨额债务。为抗议把公司定为财阀，松下不下50次去美军司令部进行交涉，其中的辛苦自不必言。

如今，松下公司已经是一个著名的跨国公司，在全世界设有230多家公司，员工总数超过两万多人。不得不说，松下的成功源自他坦然地应对生活中的各种折磨，在一次又一次的磨砺中让自己变得越来越好。

苦难锻炼了松下幸之助的坚强意志，为他打好了成功的基础。他的成功故事再一次向我们证明了：磨难是成长的助推剂，磨难是前进的发动机，“燧石受到的敲打越厉害，发出的光就越灿烂”。

印第安人是身强体壮、剽悍过人的民族，这与他们挑选下一代的方式有极大的关系，也就是流传于印第安人部落中的“土法优生学”。据说婴儿出生后，父亲会立即将婴儿放在特制摇篮当中，携至高山上，选择一条水流湍急、水温冰冷的河流，让婴儿随河水漂去，族人们则在河流下游等候。历经磨难之后，若婴儿仍然活蹦乱跳，则证明他生命力坚强，具备成为族人的条件，父亲便将之带回部落妥善养育。若是婴儿禁不起这般折腾，发生不幸，他们则将婴儿放回河流当中，任其漂流而去，形同河葬。印第安人的“土法优生学”虽然残忍，但也是强化民族素质的一个手段。

事实上，那些内心强大的人会将磨难视为磨砺意志和心灵的“磨刀石”，他们不仅会坦然地接受磨难,更会主动走出棉花堆,主动挑战磨难,检验自己的能力、提升自己的素质,创造出"刀剑磨出锋芒"的契机。

郭亮是一个一无背景、二无关系的普通大学生,毕业后进入一家净化器工程公司,但是参加工作后不到10年的时间,他已经成为所在公司的副总经理,管理着100余名员工,可谓是春风得意、大有作为。究竟是什么样的力量支撑着郭亮取得如此显赫的成就呢?用郭亮自己的话说,即"艰苦的磨炼。"

刚进这家公司时,郭亮只是一名普普通通的设计员,每天按部就班地上下班。不到一年,公司决定在开发区做一个新项目。当时很多人对这个项目没有信心,更何况所谓的开发区离市区有七八公里,非常偏僻,也不通公共汽车,许多人都不愿意去,郭亮却主动要求去那里工作。冬天下着大雪,刮着大风,非常冷,郭亮每天早上在磕磕绊绊的路上骑着一件破旧的自行车走街串巷、调查市场、进行策划、采购器材……最终在艰苦的条件下开创出了一个新市场。

过了两三年后,公司又决定开发一个新项目,而且依然是一个经济落后、交通不便的荒凉地。这时,郭亮已经是公司技术部门的小组长,有了一批直属的手下,若不离开,月薪将涨到1万元,但郭亮依然毫不犹豫地选择了接受新项目的开发。他之所以这么做,还是同样的原因:虽然那里的环境很艰难、任务很艰巨,却可以让自己得到更有价值的锻炼,拥有更广阔的发展空间。

就这样,虽然经历了一段又一段艰难的工作经历,但郭亮不仅积累了丰富的工作经验,而且赢得了领导的高度信任,先后被提拔为部门主任、技术总监以及副总经理。对于自己的成功,郭亮感慨道:"哪里有困难我就出现在哪里,困境是锻炼我的机会,也是改变命运的起跳板。"

"哪里有困难我就出现在哪里。"郭亮之所以不畏惧艰苦的生存环境,因为他知道若想做一个出类拔萃的人,就要多经历些磨难。生存环境越是艰苦，越能磨炼人的意志，越能增加人的智慧。

棉花堆里磨不出好刀子，好刀是在磨刀石上不断磨砺出的。

记住，人生每经历一次磨难，生命就向上提升一个层次。当生命中的磨难阻碍了实现理想的道路时，我们要将它看成是命运的厚赐，大声欢呼：“太好啦，生活又给了我一次成长的好机会！”

“弃儿”还是“宠儿”，你说了算

为什么别人出身城市的知识分子家庭，自己偏偏是贫困的农民之后？为什么有的人一帆风顺，一路绿灯，而自己拼命工作却处处碰壁……命运似乎就是这样不公，注定了有“宠儿”也有“弃儿”。

此时，很多人会愤愤不平，抱怨甚至咒骂生活给予自己的都是苦不堪言，给予别人的都是妙不可言。这或许能解一时之气，但整天生活在忧郁和愤恨之中，甚至以泪洗面，也就等于被生活击垮了。

既然如此，我们何必对不公耿耿于怀呢？把不公当做生活的挑战，积极乐观地改变自己才对。要知道，人生没有绝对的公平，但是却有相对的公平。你承受得越多，越比别人强悍，就能由“弃儿”变成“宠儿”。

有的人本是命运的“弃儿”，无论做什么都不顺利，命运从来就不眷顾他，但无论情况怎么艰难，他都百折不挠，终于有一天得到了命运的垂青，谁都忌妒他的好运气。毋庸置疑，这种人的内心是匹“悍马”。

她，自幼就患上了脑性麻痹症。这种病的症状十分惊人，因为肢体没有平衡感，手足会时常乱动，口里也会经常念叨着模糊不清的词语，模样十分怪异。如此本已是一件痛苦的事情，而且她还要忍受许多异样的眼光，一些小孩会嘲笑她，用手、石头或棒子打她，毫无疑问，她是不被命运眷顾的“弃儿”。

最初的一段时间，她觉察出自己和别人不一样，因此，她有过自卑的感觉，直到有一天她看到了高尔基的名言“人都是在不断地反抗自己周围的环境中成长起来的”，于是她不想让这种生活持续下去，她迫切地感到要增强自己的意志力，适应社会、适应环境，改变自己的命运，拒绝那些不好的眼光。

她决定要和正常的孩子一样上学，但是上学对她来说是一场可怕的恶梦，她的手总是无法握住笔杆，于是便让妈妈握着自己的手，经过一番努力练习，一年后，她终于学会了写字，虽然要比别人花上很长的时间。自此，她深信一个人只要肯努力，就能做成自己原本做不到的事情。上二年级的时候，她对绘画产生了兴趣，绘画并不是一件简单的事，她花费的努力可能是别人的百倍，但是她做到了，正如她所说：“我喜欢绘画，即使一再修改，我也能画下去，我要画下去。”

就这样，靠着坚忍不拔的意志和毅力和对人生无比的乐观，她坚强地活了下来，而且考上了美国著名的加州大学，并获得了艺术博士学位，还到处举办自己的画展、演讲会，她就是中国台湾的黄美廉女士。如今，她到处举办自己的画展，现身说法，告诉人们自己对生命的尊敬和热爱。

黄美廉女士是一位重度的脑性麻痹患者，她是不被命运眷顾的“弃儿”，但是她所取得的成就却是一般正常人很难达到的，是众人羡慕的“宠儿”，她“得胜”的秘诀就是付出了比别人多百倍的努力，承受了较大的“抗压训练”。

此外，命运对霍金也非常不公平，在常人看来简直是苛刻得不能再苛刻了：他腿不能站，身不能动，口也不能说，身心承受着无尽的病痛，可他并没有抱怨生活的不公，他说：“生活是不公平的，不管你的境遇如何，你只能全力以赴。”霍金积极乐观地适应生活，不断地改造自我和不懈努力，如今他已经成为世界上最著名的物理学家，他的生活是充实而快乐的，他的人生是成功而精彩的。

他们的成功故事无不告诉我们：如果想改变生活的不公，得到自己理想中的公平，唯一的方法就是适应生活的不公，用自己的能力去改造不公平，如此不公平才能有机会转变成公平，“弃儿”才能成为“宠儿”。

当然，命运的“宠儿”不会是永远的“宠儿”，如果一个人总是顺风顺水、幸运无比，不接受任何“抗压训练”，缺乏强大的内心，总有一天好运气会离他而去，变成命运的“弃儿”，以致命运悲惨。

帕丽斯·希尔顿是希尔顿酒店连锁集团创始人康拉德·希尔顿的曾孙女，她一出身便被定为希尔顿酒店的女继承人，拥有上亿美元的身家。“含着金汤匙出生”的她从小在纽约华尔道夫饭店的总统套房长期居住，过着挥金如土的生活，曾经有人用一组数字描绘了她的生活：童年时，她的零用钱是每周100美元（美国高中生每月的零花钱一般只有50美元），而且常常几个小时就花完。

长相俊美、家庭富裕、亲友宠爱、尽如人意的生活使得帕丽斯·希尔顿张扬而高调，且有一些离经叛道的举动，高中毕业后她就再无心读书，与一大堆富裕的俊男和娱乐明星扯上了关系，负面新闻屡上娱乐头条。最初，她的性爱录像带被前男友放在网上，接着她和女性朋友的亲热裸照又从手机里外泄，此后她和希腊船王的继承人订婚到解除婚约，后来又因酒后驾车、吸毒入狱事件再度轰动全美。

帕丽斯·希尔顿的种种恶行让希尔顿家族丢尽了面子，声誉备受影响，结果她的爷爷、希尔顿连锁酒店集团的第二代掌门人巴伦·希尔顿一怒之下曾扬言要把财产拿去做善事，1分钱都不留给她。

命运的“宠儿”必须学会回报、学会付出，才能让自己的光芒散发出来。不然，上天早晚会把他的恩赐收回去。帕丽斯·希尔顿没有承受过多少命运的打击，不断地挥霍命运的恩赐，才有了她“众叛亲离”的今天。

人生是相对公平的，在一个天平秤上，你得到的越多，也必须比别人承受得更多。你如果不想永远成为“弃儿”，就要努力变成“宠儿”，而且在未变成“弃儿”的时候就要珍惜并努力，防止有一天变成“弃儿”。

给船加点儿水，让船负重才更安全

空船是最危险的，给船加点儿水，让船负重才是最安全的时候。其实，人心何尝不是呢？心头压着沉重的责任感才能砥砺出坚稳的脚步。如果像一艘空船一样完全没有负担，那么一场人生的风雨就能将之彻底打倒。

一艘货轮卸货后，在返航的时候突然遭遇巨大风暴，大家都惊慌失措。就在这个危急时刻，老船长果断下令：“打开所有货舱，立刻往里面灌水。”往货舱里灌水？水手们惊呆了，这个时候本来就危险，怎么还能往里面灌水呢？险上加险，这不是自己给自己找麻烦吗？不是自找死路吗？

然而这时，只听见老船长镇定地解释道：“大家见过根深干粗的树被暴风刮倒过吗？被刮倒的是没有根基的小树。”于是水手们半信半疑地照着做了，虽然暴风巨浪依旧那么猛烈，但随着货舱里的水位越来越高，货轮渐渐地平稳，不再害怕风暴的袭击了。

这时，大家都松了一口气，纷纷请教船长是怎么回事。船长微笑着回答道：“一只空木桶很容易被风打翻，如果装满了水，风是吹不倒的。一样的道理，空船是最危险的，给船加点儿水，让船负重才是最安全的时候。”

就像英国首相温斯顿·丘吉尔所说：“实现高尚、伟大的代价就是责任。”一个人要想比别人更强悍、更成功，就应该接受“抗压训练”，树立这样的信心——人所能负的责任我必能负，人所不能负的责任我亦能负。

1920年，有个11岁的美国男孩与伙伴踢球时不小心打碎了邻居家的玻璃。其他小孩都跑掉了，只有他被抓住了，尽管男孩拼命解释球不是自己踢的，但是邻居始终不相信，非要他赔偿12.5美元。

在当时，12.5美元是笔不小的数目，足足可以买125只生蛋的母鸡。男孩只好赶紧回家，恳求父亲帮助自己，父亲却说：“你必须承担起责任来，但我不会替你还钱的。我可以借钱给你，一年后你必须把钱还给我。”

男孩没有其他办法，只好答应了下来，从此他开始了艰苦的打工生活。经过半年的努力，他不知洗了多少盘子和碗，不知流了多少汗水，终于挣够了12.5美元，自豪地把钱交到了父亲手里。

这个男孩就是日后成为美国总统的罗纳德·里根，他在回忆录中提到过这个故事，并感慨道：“我们不仅要有逃避的双脚，还应该有承担责任的双肩，通过这件事情我真正懂得了什么叫责任，这使我成长、成熟、成功。”

里根能成为美国的总统，因素有很多，其中一个重要原因该是他的责任感。试想一下，假如里根是一个缺乏责任感的人，美国人会将那么一个大国交给他管理吗？如果没有责任感，他能够独当一面，全力振兴美国的经济吗？

责任的正面是压力、重量和付出，背面却是成长、成熟与成功。一个人要想拥有比别人更强悍的心灵力量，要想获得比别人更多的成功机会，就不该避讳承担自己身上的责任，甚至要积极主动地承担起责任，承受更大的压力，比别人更多地付出。

在不知情者眼里，艾丽是一个幸运的人。要不然，她学历一般，能力也不出类拔萃，怎么能在短短3年时间里从一名出纳晋升到部门经理的位置呢？然而，只有艾丽自己清楚，她的成绩完全是因为对工作负责，一步步慢慢爬上去的。

刚进公司时，只有大专毕业的艾丽是一个不起眼的小出纳。艾丽自知自己没有什么优势，只有比别人更勤奋。当别人抱怨工作百无聊赖、老板苛刻、业务难做时，她认真履行自己的工作职责，用心搜集、深入了解产品以及主要客户的资料。

一次，办公室主任请病假，留下许多需要紧急处理的工作，经理要求经管部门暂时接管工作，但大家都以手头工作很忙为由委婉地推辞掉了，文雅认为那份工作必须有人得做，便默不作声地暂时接管了。于是，她的工作就变得忙碌起来，除了做自己分内的出纳工作，还要做报表、分发水电账单，还要协助新进场的公司办理相关手续等等。

在这段时间里，艾丽忙得不可开交，不过值得庆贺的是，在这种“重压”下，她的工作能力得到了很大的提升，工作表现得到了经理的高度认可。后来，公司开设新部时，艾丽被升任为新经理，她的事业和生活都上了一个新台阶。

伟大的代价就是责任，越“抗压”越强悍。将自己这个“船”装得满满的，敢于负重、勇于负重、善于负重，我们才会因这近乎残酷的负重的洗礼而变得更加强大，也才能在大浪淘沙的风暴中处于不败之地。

人生没有绝对的公平，但是却有相对的公平，在一个天平秤上，你得到的越多，也必须比别人承受得更多。不要羡慕别人威风八面、无坚不摧，不要抱怨人生对自己不公平，而要时常问问自己：“我还能承担什么责任？”

要收获就要先播种,越勤奋就会越成功

相信很多人都对这些现象感到困惑:同时进入公司的人,有的人很少得到老板的表扬,几年后依然默默无闻、毫无建树;有的人则是公司里的佼佼者,屡屡得以提拔、不停地创造着奇迹……为何会这样呢?

不要埋怨自己的收获比别人少,不要感慨人生对自己不公平,为什么不冷静下来好好想一想,你付出了多少呢?要知道,伟大的成功和辛勤的劳动是成正比的,付出多少、相应地就会有多少回报,一分耕耘一分收获。

打一个形象的比喻:倘若你想在秋天收获丰硕的果实,在春天就不要吝啬手里的种子,将它们播撒并且精心地照顾。你会发现,你种下什么,秋天就会收获什么,或多或少。如果没有播种,又怎会有收获呢?

大学毕业后,王杰和刘辉同时进入一家公司做广告设计工作。刚开始,两个人的工作表现没有太大的差别,甚至刘辉更胜一筹,但不到一年后,王杰晋升为主管,刘辉却被辞退了,为何这样呢?原因是刘辉懒散,王杰勤奋。

在工作中,刘辉总是一副懒懒散散的样子,还经常偷懒,而王杰对待工作总是很主动积极,经常忙得不可开交。刘辉曾毫不掩饰地嘲笑过王杰:“我活儿干得少,日子过得逍遥,工资可不比你少。你说你何必那么拼命呢?真是大傻瓜!”

王杰在工作中做得多、学得多,设计工作越做越好,成了公司离不开的人;而刘辉做得少、学得少,成了多余的人。就这样,两人渐渐地拉开了距离,事业所取得的成就自然不能同日而语。

一位哲人说过这样一句话:“世界上能登上金字塔的生物只有两种:一

种是鹰，一种是蜗牛。不管是天资绝佳的鹰，还是平庸的蜗牛，能登上塔尖，极目四望、俯视万里都离不开两个字——勤奋。少了勤奋，鹰便败给了蜗牛。”

的确，一个人能否取得成功，环境、机遇、天赋，学识等外部因素固然重要，但更重要的是自身的勤奋。要比别人更强悍，就要以勤字为先，不懈地追求与努力，接受期间的“抗压训练”，越勤奋越成功。

一分耕耘一分收获，要想收获就要先播种。勤奋使平凡变得伟大，使庸人变成豪杰。古今中外，那些意气风发的成功者无不是勤奋刻苦的楷模，是勤奋铸就了他们内心的力量，促成了他们生命的辉煌。

帕格尼尼是意大利小提琴演奏家、作曲家。著名的音乐评论家勃拉兹称帕格尼尼是“操琴弓的魔术师”，歌德评价他“在琴弦上展现了火一样的灵魂”。帕格尼尼的成功靠的是先天的天赋吗？不是的，他靠的是勤奋。

帕格尼尼的父亲是小商人，没受过多少教育，但非常喜爱音乐，他聘请了一位剧院小提琴手教帕格尼尼拉琴，那时帕格尼尼刚满 7 岁。后来，帕格尼尼每天早上 9 点钟开始在家中练习拉小提琴，一直到下午五六点钟才结束，他从不偷懒，勤勤恳恳，以至于他连做梦都在拉琴。小提琴伴随着他度过童年，因此他练就了娴熟的小提琴演奏技法，12 岁时，他把《卡马尼奥拉》改编成变奏曲并登台演奏，一举成功，轰动了舆论界。

之后，帕格尼尼开始跟着许多不同的老师学习，包括当时最著名的小提琴家罗拉和指挥家帕埃尔，依然每天大约用 12 个小时练习自己的作品。1801 年起的 5 年间，他忽然隐居起来，完成了《威尼斯狂欢节》、《军队奏鸣曲》、《拿破仑奏鸣曲》等 6 首小提琴作曲，并创造了小提琴与吉他合奏的奏鸣曲，大大丰富了小提琴的表现力。

1825 年后，帕格尼尼往来于欧洲各地举行与演奏自己作品的音乐会，1828 年在维也纳、1831 年在法国巴黎和英国伦敦的演出均引起轰动，也奠定了他国际演奏大师的地位。遗憾的是，紧张的状态使他付出了损害身体健康的沉重代价，1840 年 5 月 27 日夜，这位被誉为"小提琴之神"和"音乐之王"的人离开了人世，年仅 58 岁。

学艺术的人是世界上最为勤奋的群体，他们的勤奋不是一时，而是一生。可以想象，如果心中没有一个强大的精神支柱，可能谁也坚持不了 50 年。帕格尼尼 50 年如一日地勤练小提琴，将勤奋发挥得淋漓尽致，最终印证了爱迪生所说的："成功是 1%的灵感加上 99%的汗水。"

司马光写《资治通鉴》花了 19 年，达尔文写《物种起源》花了 20 年，马克思写《资本论》花了 40 年，歌德写《浮士德》花了 60 年……这些名垂青史的伟人，有哪位不是付出了辛勤的汗水和毕生的精力呢？

不要以为别人的知识广博是天赋，深受众望是机缘，"天道酬勤"，上天对每一个人都是公平的，勤奋是每个成功者背后的付出。你若想比别人更强悍，只有一个途径，那就是勤奋、勤奋、再勤奋。

越挫越勇，面对挫折要有"抗压力"

人不可能一生都一帆风顺，难免会遭受一些挫折，挫折对于不同的人有不同的价值，它是一种严酷挑战的考验，它挑出一批心灵，把纯洁与强壮的放在一边，使它们变得更纯洁、更强壮，同时使其余的心灵加速堕落，或是斩断它们飞跃的力量。

一家大公司要招聘 5 名职员，经过一段时间的面试、笔试，公司从众多名应聘者中选出了 5 名佼佼者。发榜这天，一个青年见榜上没有自己的名字，悲恸欲绝，回到家中便要服毒自尽，幸好亲人及时发现将他救下。

正当青年悲伤之时，突然又得知自己被那家公司录用了。原来，青年的面试和笔试成绩均名列前茅,只是由于那家公司的一台计算机出现了错误,使他的总分成绩减少了 30 分才导致落选。

青年大喜过望，但是正当他欣喜地准备正式上班之时，公司又传来消息:他被公司除名了,原因很简单,公司的老板认为:“如此小的挫折都经受不了,这样的人肯定在公司里干不成什么大事,不要也罢。”

的确,真正能检验一个人心理素质的便是挫折,看他遭遇挫折时是否唤起了他更多的勇气,还是就此心灰意冷,看挫折能否使他更加努力,发现新力量、挖掘新潜力。如果他退却、停止、放弃、逃跑的话,只会是个无名小辈。

没有经历过风雨洗礼的禾苗永远结不出饱满的谷穗,没有经历过雄风捶打的雄鹰永远不能振翅高飞……“不经历风雨,怎能见彩虹。”这些俗语无一不是在强调,挫折是一块炼金石,经历挫折往往是成功的开始。

正如法国文学家巴尔扎克所说:“世界上的事情永远不是绝对的，结果完全因人而异。挫折就像一块石头,对于弱者来说是绊脚石,让你止步不前,而对强者来说是垫脚石,使你站得更高。”

一个人即将遇到挫折或已经遇到挫折后,定会面临很大的心理压力。在这个时候,你的心站在哪一边?你对挫折有多少“抗压力”?是气馁当逃兵,还是继续奋起而勇敢地追寻呢?这直接决定你的命运走向。

乔布斯是美国苹果公司的创始人，日本软银公司首席执行官孙正义曾这样给予他至高评价:“乔布斯是改变世界的天才,几百年之后他将与达·芬奇受到同样的尊敬。”但鲜为人知的是,乔布斯曾经历了几次重大的挫折。

1983 年,受金融风暴的影响,乔布斯在公司重大决策上犯了过错,被公司董事会“赶出来”,一切权力被解除。“就像被人狠狠在肚子上打了一拳,然后一下子飞出老远。”乔布斯曾这样回忆说。流落街头的乔布斯没有去爬帝国大厦,而是一个人躲在天桥下就着自来水啃冷硬的面包,同时思考着如何让苹果公司起死回生。

后来，乔布斯成立了 NeXT 公司，准备复制苹果电脑的成功。他对此寄予了厚望，重视任何细节，甚至提出隐藏在电脑里面的电路板都必须有一个吸引人的设计。经过一年多的研制，NeXT 电脑终于问世，定价高达 6500 美元，虽然喝彩的人很多，但掏钱购买的人却很少，乔布斯狠狠地赔了一笔钱，无疑也遭到了市场的嘲笑。

经过整整一年的思考和观察，乔布斯想出了一个新点子，那就是打造和推广“个人电脑”品牌。他每天到原来所在的苹果公司，不断地向公司主管说明自己的意见，最终对方采纳了他的意见，并重新聘任他为公司首席执行官。重归苹果公司后，乔布斯引领的 iPhone 的发展方向终于赢得了市场的共鸣，没过多久，乔布斯成为美国新经济时代的第一个亿万富翁，也是最年轻的亿万富翁。

关于自己的成功，乔布斯说：“人若能从挫折中站起来，那么就能将经历变成财富；如果倒在挫折中站不起来，那么挫折的经历就是一场灾难。选择灾难还是财富，完全取决于你面对挫折的态度。”

是什么造就了乔布斯的成功?是挫折，是顽强的、拼搏的心。

一个人的成功并不是偶然的，而是经过无数次挫折历练后的见证。不因挫折而低下高昂的头、将挫折看成“挑战”的人，一定有一颗“悍马”般强大的内心，一定可以创造一个精彩的未来，走向人生巅峰。

有这样一个人，他的人生真的一塌糊涂。下面是他的一份人生履历：

22 岁时做生意失败；

23 岁时竞选州议员失败；

24 岁时做生意再次失败；

26 岁时恋人去世；

27 岁时精神崩溃；

29 岁时竞选州议员失败；

31岁时竞选选举人团失败；

34岁时竞选国会议员失败；

39岁时连任国会议员失败；

46岁时竞选参议员失败；

47岁时竞选副总统失败；

49岁时竞选参议员再次失败；

51岁时当选为美国总统。

这就是林肯的一份人生清单。面对这份清单，人们惊讶于他的毅力，面对这么多的挫折，他是如何走过来的？假如林肯没有一颗强大的内心，在40多岁的时候淡出政坛，那么历史上只能留下一个可怜的、壮志未酬的林肯，而决不是美国最出色的总统。

挫折是强者和弱者的分水岭，面对挫折的时候，你的心会站在哪一边呢？

如果你想比别人更强悍，当面临或遭遇挫折的时候，那么就以坦然的心态面对，不悲伤、不哀怨，并将挫折转化为前进的动力吧。几经奋斗之后，你会领略到“山重水复疑无路，暗花明又一村”的绝境。

要想“高成”，必先“低就”

如今有不少“志存高远”的人寄望于一步登天，一旦没有得到想象中的重视，就感慨人生的不公平，感叹自己被大材小用，从此不思进取和沉沦，甚至懦弱和畏缩，结果只会导致自己不得前进、难以发展。

一步登天的情况并非空前绝后，只是凤毛麟角。用当代的话说是小概率事件、少数人才能拥有的幸运。但是，人生是相对公平的，如果你能够适当地

“低就”，接受“抗压训练”，“高成”便指日可待。

大学毕业后，彭辉和晓亮开始找工作，当时就业形势非常紧张，工作很是难找，只有一家工厂同意应聘他们，应聘的岗位是清洁工，问他们愿不愿意干。彭辉略加思索后决定留下来，晓亮对这份工作很是不屑，但是因为找不到更好的工作，并且可以和彭辉在一起工作，他也决定留下来了。

晓亮自持大学生身份的“尊贵”，对工作没有什么积极性，每天打扫卫生时敷衍了事。这种情况被老板发现了几次，老板认为他刚从学校毕业缺乏锻炼，再加上这个工作确实辛苦，就原谅了他，结果晓亮变本加厉。与晓亮正好相反，彭辉在工作中抛却了大学生身份给自己带来的压力，完全把自己当做一名打扫卫生的清洁工，每天把办公室、车间都打扫得干干净净，他的这种勤勤恳恳、任劳任怨的表现给老板留下了很好的印象。

半年后，老板将彭辉安排给一位高级技工当学徒。由于彭辉有大学知识基础，加上勤奋好学，一年后他就成为了一名技工。彭辉在技工的岗位上仍然保持一贯的工作作风，就这样，一年后他又成了老板的助理，而此时晓亮依然做着清洁工。

晓亮内心不够强大，不满清洁工的工作，一边愤愤不平，一边敷衍工作，他会有升职的机会吗?肯定不能，因为老板会认为他连最简单的事情都做不好，根本不会有责任和能力去做更高级的工作。相反，彭辉内心强大，不在乎做底层工作，不断地完善自我，如此自然就获得了升职的好机会。

“不积跬步，无以至千里；不积小流，无以成江海”的古训我们早已耳熟能详。事实上，几乎所有取得较大成就的人并不是因为一开始便居于高位，也不是他们有一步登天的本领，而是他们有一颗“悍马”般强大的心理，始终相信自己，在不被重用与重视的时候能够坦然自若地“低就”。

关于这一点，文艺复兴时期英国最杰出的戏剧家和诗人莎士比亚给我们树立了一个良好的典范。下面，让我们一起来看看他是怎样一步步走向成功，在历史舞台上独占鳌头、名垂青史的。

莎士比亚在很小的时候便有机会接触到了剧团的演出，他惊奇地看到为数不多的几个演员凭借一个小小的舞台竟能演出一幕幕变幻无穷的戏剧来：一会儿再现古代历史，一会儿描绘现实人生；有时候让人捧腹大笑，有时候催人泪下。于是莎士比亚暗下决心：要终身从事戏剧事业，当个戏剧家。

但是，当时英国的戏剧工作是一个高级的职业，活跃着一批受过高等教育而且在戏剧方面有些成绩的"大学佳人"职业剧作家，他们垄断了剧坛，根本不许普通人插入。为了接近戏剧事业，莎士比亚主动到戏院工作，然而对方提供给他的是一份马夫的工作，即专门等候在戏院门口伺候看戏的绅士。

尽管这是一份很卑微的工作，但莎士比亚还是答应了下来。待表演开始后，他就从门缝或小洞里窥看舞台上的演出，边看边细心琢磨剧情和角色。回到家后，他时常模仿台上的人物和戏剧的情节，有声有色地表演，他还发奋地翻看文学、历史等方面的书籍，自修希腊文和拉丁文，掌握了许多戏剧知识。终于，等到了一个上台表演的机会。有一次，剧团需要临时演员，莎士比亚"近水楼台先得月"。由于出色的理解力和精湛的演技，他的表演得到了大家的肯定，不久就被剧团吸收为正式演员。

为了提高和丰富自己的演技，莎士比亚经常深入下层社会，观察那些流浪汉、江湖艺人和乞丐，同他们谈心，体会他们的思想感情。同时，他还大量阅读各种书籍，了解了各国的历史和人民不幸的命运。27岁那年，莎士比亚写出了历史剧《亨利六世》3部曲，剧本上演后便引起戏剧界的普遍关注，他终于有幸进入了伦敦戏剧界。1595年，他又写出了《罗密欧与朱丽叶》，剧本上演后，莎士比亚名震伦敦，成为戏剧界的大师级人物。

面对周围不尽如人意的环境，莎士比亚并没有整天抱怨人生的不公平，而是从戏剧界最底层的马夫做起，努力学习戏剧知识，最终将现实中令人不满意的成分降低到了最低限度，成为了一名闻名海外的戏剧家。

由此可见，要想“高就”就要学会在恰当的时候“低就”，“低就”不是不思进取和沉沦，更非懦弱和畏缩，而是在艰难困苦中积蓄力量、磨炼意志，在客观上给我们创造一种机遇，为我们带来不一样的改变。

通往成功的道路向来都是呈螺旋或阶梯式前进的，有高潮也有低落的时候，调整自己的心态，强大自己的内心，经受住成功路上的种种考验，有朝一日挺起腰板时的视野才能更加高远。

不想当士兵，只想当将军，即使你具有将军的素质和能力也永远当不了将军。一个“立长志”的年轻人，为了“高成”就要暂先“低就”，正所谓，只要自己是块金子，何愁不发光呢？

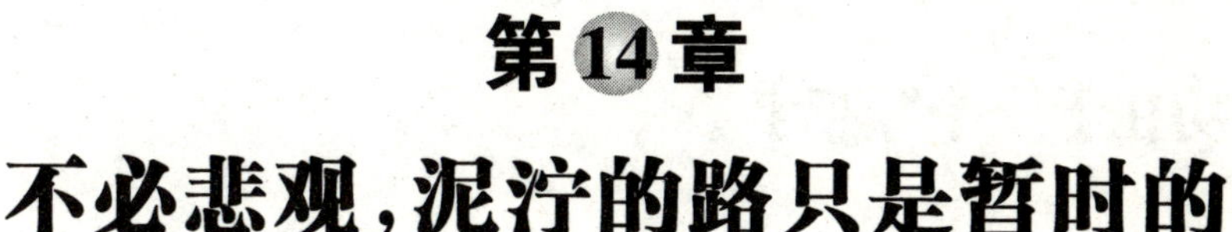

第14章

不必悲观，泥泞的路只是暂时的

地球在运动，你不可能永远处在倒霉的位置。

成功在于一个“熬”字

人生不可能一直顺风顺水，有时候前进不得，倒退不能，就一直待在那儿，这时候我们需要一种“熬”的精神。真正潜心做事之人都有体会：泥泞的路只是暂时的，成功都是“熬”出来的。

什么是“熬”？“熬”是一种直面问题、不逃避的精神，是在奋斗过程中遇到一些曲折的时候必须采取的人生态度，强调的是一个时间过程。正如入味的煲汤要用小火煨，治病的中药要用慢火熬。

熬得住才有可能看到升起的太阳，而大多数人却死在了黎明前的晚上。不是有一句话说：“今天很残酷，明天也许会更残酷，但是后天就会很美好，只是很多人都没有挺住，死在了今天和明天。”

维妮从小就爱好文学，她一直想成为一名有作为的作家。大学毕业后，她日夜不停地写作，即使是周末也不例外，家里电脑键盘的噼啪声总是不绝于耳。但遗憾的是，她的作品全被退了回来。

维妮深知写作是一件需要长期坚持的事情，写作经验越多，稿子质量就越好，于是依然辍笔不休。终于有一天，维妮收到了一封来自某杂志社主编的回信，对方表示自己可以接受维妮的稿子，但是稿子的瑕疵太多，需要认真修改。

在以后的9个月里，维妮一直致力于这部稿子的修改，她给杂志编辑部先后寄出了两次稿子，但遗憾的是都被退稿了，她又认真修改了一遍却杳无音讯。维妮有些失望了，甚至是绝望，她觉得自己糟糕透了，于是买来了安眠药……

一个星期后,稿子通过审核的消息传来,但维妮却听不到了……

熬,不是听天由命、无所作为,而是绝不向风浪低头、绝不向黑夜屈服的不息抗争,这需要时日、需要耐心。人要熬得住,熬得住才有柔韧之坚,才有宽怀之度,才有智慧之举。既然这样,何乐而不为呢?

"熬至滴水成珠,本身对人生来说,就是一个美妙的景象,是一个美好的修炼过程。"这是作家池莉的散文集《熬至滴水成珠》中的一句话,在疼痛而诚挚中凝聚了她的寻觅、沉吟、安宁和喜乐。

的确,老天爷不会偏爱任何一个人,你碰不到事业的煎熬,也会碰到感情的煎熬,要不就是内心的煎熬。人生本身就是一种不断修炼的过程,在"熬"中增强自己的心智,练就忍耐、沉稳与坚韧,你就能所向无敌。

2004年9月,随着一部由英国、南非、加拿大和意大利4国共同拍摄的电影《卢旺达饭店》的上映,一个叫唐·钱德勒的美国男子顿时成为了好莱坞热捧的对象,很多人惊叹于他的演技如何非凡,能够将一个具有变色龙能力的角色塑造得清晰深刻、丰满圆润。从很大程度上说,这是一个熬的过程。

唐·钱德勒出生在美国中部的堪萨斯城,他从加州艺术学院毕业拿到学士学位后参与过一部电视节目的表演,随后得到了他个人银幕生涯的第一个角色。他原本以为可以靠着自己的努力在好莱坞打拼出一片天地来,但是那张典型的冈比亚人、不太帅气的面孔似乎并不讨导演们的喜欢。

然而,唐·钱德勒是一个坚强而倔强的人,不管是多么小的角色,他都会努力地和导演们争取。《尖峰时刻2》、《剑鱼行动》、《毒品网络》、《火星任务》、《十一罗汉》……在许多部年度卖座电影中都会看到他的身影。这些年来,他细心地琢磨着自己演过的每一个角色,尽自己最大的努力去演好那些多种多样、性格迥异的人物,不停地融于各种角色,虽然都只是小小的"配角",但他能明显体会到自己正在一天天地变得强大。

终于,20年后,演技日臻成熟且不安分的钱德勒渐渐得到了导演们的欣赏，获得了在《卢旺达饭店》中独挑大梁的机会。面临随时失去生命的命运，痛苦之时无谓的幽默和快乐之时偶有的悲哀，他的表演无可挑剔，最终赢得2005年美国金卫星奖最佳男主角、2005年奥斯卡最佳男主角提名。

毫无疑问，唐·钱德勒的成功确实是“熬”出来的，他20年如一日，默默无闻地从事着自己喜欢的表演工作。他以一颗强大的心、煎药般的“熬”、煲汤似的“熬”练就了忍耐、沉稳与坚韧，因此，《卢旺达饭店》这部电影的成功是一种必然。

一个“熬”字，多少时光岁月流转，多少点滴琐碎。“熬”字就是“难”字，就是“慢”字，就是“忍”字。如此，我们可以看出，“熬”的过程的确是痛苦的，没有一颗强大的内心做后盾是很难做到的。

泥泞的路只是暂时的，要熬的长夜破晓，要熬的隧道出口，就要耐住“熬”的艰辛和沉重。熬得住，坚持下去，才能完成蜕变腾飞的华丽转身，才能跑完马拉松般的人生，才能撑得起未来的辉煌。

“危”中寻“机”，幸运之神不请自来

幸运之神是一个美丽而性情古怪的“天使”，她会骤然降临在我们身边，她的高傲迫使所有的人必须对她保有足够积极的尊敬，若是我们稍有冷淡，她便将悄然而去，不管怎样扼腕叹息也不再复返。

那么，我们该如何赢得幸运之神的关注和眷顾，进而在成功的道路上有所建树呢？答案是：不必悲观、不必失望，执著地追寻成功的机会，即使是深陷危机之中也要追寻，哪怕这个机会只有万分之一。

地球是运动的，风水轮流转，你不可能永远处在倒霉的位置。往往，你多

些追寻，幸运之神就会降临到你身边，事情就会有新的转机，你就会得到“山重水复疑无路，柳暗花明又一村”的惊喜。

自伦敦大学圣玛丽医学院毕业后，英国医学家亚历山大·弗莱明便把细菌学研究当成了他事业的全部，加紧了细菌的研究工作，他的研究对象是能置人于死地的葡萄球菌，为此需要经常培养细菌，但一切看起来并不顺利。

1928年的一天，弗莱明将一个葡萄球菌培养基放在试验台阳光照不到的位置后就出去了。结果回来后，他发现由于盖子没有盖好，靠近封口的葡萄球菌被溶化成露水一样的液体，而且显示为惨白色。在所有细菌培养基中，封口必须要求是封闭的，看来这次实验又失败了，弗莱明有些苦恼。

弗莱明刚想把这个“坏掉”的培养基扔掉，但是他又看了一眼，不禁心想：“这到底是怎么回事呢？居然能把毒性如此强烈的葡萄球菌制伏了、消灭了。”于是，他对封口的泥土进行了化验和提炼，加倍仔细地观察、分析，终于，一种能够消灭病菌的药剂——青霉素被发现了。

发现了青霉素后，弗莱明于次年6月发表了论文，从此人类医疗事业翻开了新的一页，弗莱明也因此在全世界赢得了25个名誉学位、15个城市的荣誉市民称号以及其他140多项荣誉，其中包括诺贝尔医学奖。

很多时候危机的出现会使内心脆弱的人受到冲击和刺激，痛心疾首、怨天尤人、坐以待毙。但那些内心强大的人会沉着应付、振作精神，有意识地多些追寻，对所面临的危机细加观察和分析，从危机中挖掘出隐藏的契机。

这并非不可能，要知道“危机”是由两个字构成的，其中的“机”就有机会的意思，也就是说危机并非是100%的危险，而是与机会如影随形，里面蕴藏着步步活棋，就看我们是否善于发现并捕捉、能不能做到越挫越勇。

机会为人们提供了有关线索，但是这不是能够一眼望穿的。有的明显，有的隐蔽；有的真实，有的虚假；有的似是而非，有的似非而是。如果我们不认真审视和筛选，就可能把有价值的线索漏掉，也就难以发现机会。

所以，幸运也好，不幸也罢，我们切不可抱着“上天注定”的态度，而是要强大自己的内心，重视那些看起来普通的机会，更要重视危机中的机会，努力使其转化为良机、转化为好事，或者至少能大大减少损失的因素。

哈姆威是西班牙一个制作糕点的小商贩，在狂热的移民潮中，他来到美国。但美国并不像他想象的那样遍地都是黄金，他的糕点在美国出售和在西班牙出售并没有多大区别，甚至生意更糟糕一些。

1904 年，美国将举行世界博览会，哈姆威到会场外出售他的薄饼，但一直无人问津。而和他相邻的一位卖冰淇淋的商贩的生意却很好，一会儿就把用来装冰淇淋的碟子用完了。见状，哈姆威突然想到把自己的薄饼卷成锥形。

“看，我的薄饼可以盛放冰激凌，全都卖给你怎么样?”卖冰淇淋的商贩见这个办法可行，就买了哈姆威的薄饼。这种锥形冰淇淋被顾客们看好，哈姆威不仅将自己的薄饼推销了出去，而且成为了冰淇淋商贩的合作伙伴。

巴尔扎克说过这样一句话：“机缘的变化极其迅速，显赫的声名总是无数的机缘凑成的。”这并不是说幸运的机缘有多么吝啬，而是要我们善于发现机会。这种善于便是多些观察和思考，不放过任何一个可能。

记住，深陷于危机之中并不可怕，不必悲观和失望。以自己强大的心灵做支撑，在危机中学着冷静、沉着一点儿，寻找一切有可能扭转乾坤的机会，采取积极灵活的应对策略，幸运之神就会不请自来。

修好忍耐这门“人生必修课”

漫漫人生路不会一直是笔直通畅的，不仅要迎风踏浪而行，而且有许多曲折等着你转弯，更会遇到大大小小的暗礁。当经历忧愁、失意与伤痛等情绪时，我们必须学会忍耐，这是一门人生必修课。

忍耐，是人生中最难学的功课。“忍”字头上一把刀，意味着你要忍耐，必须先品尝心滴血的痛。忍耐压抑了人性，触及了灵魂中最深的痛，是水和火的交战，没有强大的内心绝对做不到。

1952年，34岁的美国女游泳爱好者费罗伦丝·查德威克立志要创横渡大西洋的纪录，7月4日清晨，她从卡塔弗纳岛入海，开始向加州海岸游去，如果今天成功了，她就是第一个横渡大西洋的女性。

尽管之前经过一定程度的训练，但是查德威克面临的情况不容乐观。海水冰凉刺骨，查德威克被冻得全身发麻，有几次鲨鱼靠近了她，被工作人员开枪吓跑了。但是，对她而言最大的问题不是这些，而是漫天的浓雾。雾很大，笼罩着汪洋大海，她看不到任何标志，几乎连护送自己的船只都看不到。

时间悄然地流逝，查德威克不停地向前游着。15个小时之后，她又累又冷，又恨又怕，她觉得遇到这些情况很倒霉，感觉无法再忍耐这次糟糕的活动了，想让人将自己拉上护送船。

此时，在另一条船上坐着她的母亲和教练，他们则告诉她不要轻易放弃。几十分钟之后，查德威克坚持让人们把自己拉上了船。而最令人遗憾的是，她上船的地点离加州海岸其实只有半英里之遥，以致后来她多次带着悔意地跟人讲起此事。

看完故事，我们不禁要问，阻碍罗伦丝·查德威克渡海成功的是海上的大雾吗？是她的能力不够、热情不足吗？不是，是她内心不够强大，缺乏一种忍耐的精神，结果让大雾挡住了视线，迷惑了心灵，于是便真的不行了。

忍耐在大多数时候是痛苦的。但是，成功往往就是在你忍耐了常人所无法承受的痛苦之后才出现在你的面前。地球是运动的，你不可能永远处在倒霉的位置，千万不要只差那么一点点就放弃。

无论我们是名人还是凡人，无论一生轰轰烈烈还是默默无闻，一生中难免遇到各种不同的泥泞，都需要用忍耐支撑着人生的信念执著前行，而我们的生命也因这一路的艰辛跋涉而逐渐丰富而厚重。

奥斯汀曾经说过一句话："在你心中的庭院培植一棵忍耐的树，虽然它的根很苦，但是果实一定是甜的。"在忍耐的过程中，努力把根扎得很深，汲取养料，你的树干在不知不觉中成长，总有一天会荫蔽四方，结出甜美的果实。

如果明白了这个道理，你就会明白忍耐对人生的重要意义。

百花凋谢后等待花开，野草枯萎后等待春风。忍耐，并非逃避风险和困局，而是一种蓄势待发的等待、韬光养晦的策略。学会了忍耐，你就能提早获得成功。

失败是成功的晋升之阶

对大多数人而言，最糟糕的事情莫过于品尝失败的滋味了。面对失败的时候，很多人往往不够勇敢、不够坚强，拿不出面对失败的勇气，心想着：成功怎么还不来？怎么我这么倒霉？于是哭泣、抱怨、悔恨……

殊不知，消极地面对失败，沉沦于失败的打击中，只会导致我们在相当长一段时间内难以从失败的心理阴影中解脱出来，变得一蹶不振，结果不知不觉地就会重复失败的老路，永远没有成功的机会。

地球是运动的，你不可能永远处在倒霉的位置，但是你必须有足够强大的内心，引领自己走出泥泞的路。要知道，失败并不可耻，你可以败在经验、败在技巧上，但决不能败在意志上。一个人可以被毁灭，但绝对不可以被打败。

更何况，人生不是你死我活的战场，不必怀着不成功则成仁的决绝，失败不是什么大不了的事情，而是一次检视自我、锻炼自我、提高自我的机会，进而能够完成一次次难得的自我蜕变，成为我们获取成功的资本。

打一个形象的比喻，成功是一颗繁茂粗壮的大树，没有磨损过的刀看似锋利无比，实际上却无法伐木，而有缺口的刀就是锯，足以伐木。我们需要人生的“缺口”，人生的“缺口”就是失败，失败积累得多了就会成功。

每经历一次失败，就会多一次收获。因此，遭遇失败时，我们不必整日忧心忡忡、悲观绝望，不妨将眼光放高远一点，将暂时的失败当成成功的阶梯，这样心灵才不会过于承担重负，为发展积蓄能量，为成功奠定基础。

一个20多岁的年轻人意气风发，自主创业举办了一个成年人教育班。他花了很多钱做广告宣传，房租、日常用品等办公开销也很大，但一段时间后，却发现数月的辛苦劳动竟然连一分钱都没有赚到。

于是，年轻人很是苦恼地向家人借钱处理了一些善后的事情后，便整天待在家里不再外出，因为他害怕别人用同情、怀疑，抑或是幸灾乐祸的眼神看自己。他整日闷闷不乐、神情恍惚，无法将事业继续下去。

这种状态持续了很长一段时间，有一天，他的一位老师来看望他，"这是好事啊，证明你以前的方法不得法，你需要的只是改变方法，重新开始！"老师的一句话犹如晴天霹雳，使年轻人的苦恼顿时消失，精神也振作了起来，他走出了家门并开始致力于人性研究。

经过一段时间的努力，年轻人开创并发展出一套独特的以演讲、推销、为人处世、智能开发于一体的成人教育方式，并且大获成功，他就是美国著名的卡耐基大师，被誉为"成人教育之父"、"20世纪最伟大的成功学大师"。

真正的勇士敢于直面淋漓的鲜血和惨淡的人生。被击倒后不认输，认真地反思自己，再勇敢地爬起来，这才是我们正确对待失败的态度，如此我们必定内心强大、潇洒自信，也是离成功最近的人。

被称为"领导力大师"的沃伦·本尼斯在撰写其最负盛名的著作《领导者》时发现，无论是政府、民间还是非营利领域的领导人都有三四个共同的特性，其中之一便是：每个人都曾犯过严重的错误，然后反败为胜。

英国《泰晤士报》前总编辑哈罗德·埃文斯一生中曾经历过无数次失败，其中包括他在20世纪80年代中期对《泰晤士报》进行改革的失败，但他却从未在失败中沉沦。对于失败，他曾经说过这样一段著名的话：

"对我来说，一个人是否会在失败中沉沦，主要取决于他是否能够把握自己的失败。每个人或多或少都经历过失败，因而失败是一件十分正常的事情。你想要取得成功，就必须以失败为阶梯。换言之，成功包含着失败，失败是有价值的。因此，面对失败时正确的做法是：首先要勇于正视失败，找出失败的真正原因，树立战胜失败的信心，然后以坚强的意志鼓励自己一步步走出阴影、走向辉煌。”

的确，人生不在于跌倒的次数有多少，在于总是比跌倒的次数多站起来一次；不在于有没有遭遇失败，而在于绝不被失败击倒。这正如海明威所说：“失败击倒每一个人，之后，许多人在心碎之处坚强起来。”

遭遇失败的时候，不要再整日忧心忡忡，也无须让自己沉浸在悲伤之中，而是要更多地扪心自问一下：“我学到了什么”、“我下一步应该干什么”等，这样每一次失败都可以成为考验和提升自己的机会。

你是敢于直面淋漓的鲜血和惨淡人生的真正勇士吗？从现在开始，强大自己的内心力量，直面失败的打击，重新拾取你的信心吧，如此，相信你这把带有“缺口”的刀一定能够砍下成功这棵繁茂粗壮的大树。

吃苦在先，走到终点便是甜

我们的人生少不了五味：酸、甜、苦、辣、咸。假如问道：“喜欢甜的人请举手。”相信绝大部分人都会举手；而其他的回答则各占一半；若再问：“想吃苦的人请举手。”恐怕大部分人都不会举手。

谁不愿意生活在甜水中，享受甜美生活呢？但是，上帝却不会因此而垂爱我们，对我们格外地关照和厚爱。淫雨霏霏的情况会时有发生，艰难困苦的日子会不期而遇……上苍赐予我们的总是亦甜亦苦。

我们能拒绝吃苦吗？不能。吃苦是一生中无法避免的事情。不过，我们需要知道的是吃苦是暂时的，如果我们敢于坚强面对苦难，积极回应苦难的生活，培养自己吃苦耐劳的个性，就会最终尝到甜蜜的滋味。

苦难对于每个人都一样，只是来临的时间不同。享乐在先或许令人羡慕，但这只是一个过程，不会永远乐下去，走到终点便是苦。而吃苦在先也同样是一个过程，不会永远苦下去，走到终点便是甜。

乔瑟夫在纽约首屈一指的毛纺织品厂做实习推销员。有一年，一场罕见的大风雪袭击了全纽约，寒风刺骨。将近中午时，大多数推销员都赶到了富兰克林街的办公室，争先恐后地聚集到火炉旁，尽兴地烤着火、聊着天。

那天下午相当晚的时候，几乎冻僵了的乔瑟夫像一个醉汉似地打开办公室的大门，蹒跚着走了进来。那些度过了一个温暖下午的同事们纷纷笑乔瑟夫“傻”：“外面冷得厉害，你怎么不早点儿回来呢？”

乔瑟夫笑了笑，淡淡地回答：“像这样的大雪，几乎所有人都习惯窝在暖和的屋子里面，不仅竞争对手少，而且很多客户都有空闲时间，我应该更加奋发。我今天拜访了将近70家客户，得到了43件货的订单。”

“吃得苦中苦，方为人上人”、“苦难是一把犁，它一面犁破了你的心，一面掘开了生命的新起源。”这些名言名句都在教导我们，要冷静理智地看待苦难，才能从泥泞的小道中走出来，走上平坦的康庄大道。

因此，行走于人性丛林中的每个人都应该记住：如果你正在遭受困苦，这并不完全是件坏事，只要你用积极的精神面对，它就会变成积累经验、伺机而起的好时机，还能转化为成功的资本呢。

那些内心强大的人能够真正体会到苦难的价值和意义，他们永远不会惧怕、拒绝困苦，被苦难吓倒，他们会尽可能地去做个勇士，积极地站起来，走向它们、击退它们，因此获得了壮丽华彩的人生。

学习的过程是苦的，得到的知识是甜；思考是“苦中苦”，得到的智慧是“甜上甜”；锻炼的过程是苦的，得到的肌肉是甜；静坐是“苦中苦”，得到的内气是“甜上甜”……真正的“人上人”肯吃“苦中苦”，是有“甜上甜”的人。

苦与甜是相生相随的，如果在年轻时不能忍受吃大苦，那么到年老时就不可能享大福。只有趁着年轻历尽困苦，才能在年老时乐享甜美生活。吃苦贵在先，这是人生的一种本钱、一份财富。

因此，当遇到苦难时，不必悲观、不必惧怕，静下心想想那些这些小故事和小格言，回味其中的道理，勇敢大胆地去吃苦吧，让自己拥有更为顽强的胆魄、更为坚定的意志，从苦难中升华自己、诠释生命。

只要活着，就有"洗牌"的机会

人的一生总会经历很多倒霉的事情，当你被命运无情捉弄，当你的生活一无所有，当你失去亲人和朋友，当你的肢体变得残缺……此时，请不要悲观沮丧，因为你还有人生最宝贵的东西——生命。

生命对于每个人来说只有一次，而且时间很短暂，没有生命，一切都将无从谈起，还有什么能比活着更重要呢？无论遭遇多大的挫折和困境，无论有多大的痛苦与悲伤，记住只要活着就是希望，你就有重新"洗牌"的机会。

一个人的全身只有3个指头能动，无法行走，无法说话，医生曾诊断他最多活不过两年，可他却活了45年，而且成为当今最伟大的物理学家。也许你已经猜到了他是谁，他就是大名鼎鼎的斯帝芬·廉姆·霍金。

大三那年，霍金发现自己身上突然出现了一种奇怪的症状：手脚逐渐变得不利索，甚至有时候还会无缘无故地跌倒。医生诊断出他得了渐冻症，他要在轮椅上度过余生，而且只剩下两年的生命。这个晴天雷霹的消息把霍金从天堂推下了地狱，是做死神的阶下囚，还是和病魔作斗争呢？霍金选择了后者，坐在轮椅上，把病抛到脑后，继续进行学习和研究，并靠着顽强的意志力延长了生命。

祸不单行，1985年，也就是全身瘫痪数十年后，霍金再一次遭受了灾难的打击，他感染了肺炎，医生不得不为他进行气管切开手术，也就是在脖子及气管上直接切口形成通气孔，这样一来，他永远失去了说话的能力。霍金再次乐观地接受了命运的安排，不断地改造自我，继续致力于研究自己喜欢的物理学。

过了两三年，他成了物理天才，这时的他突破了医学史上的奇迹、科学史上的奇迹，然而这时，他的病情已非常严重了，全身上下只有3个指头可以动，还不能同时使用，一次只能用一个指头，在这么艰难的情况下，他竟然收获得越来越多，成就也越来越大：获得英国爵士荣誉称号、成为英国皇家学会学员……

“我的手指还能活动，我的大脑还能思考，我有终生追求的理想，我有爱我和我爱着的亲人和朋友，我还有一颗感恩的心……”这段豁达而乐观的文字正是出自霍金。“我有自由选择结束生命，但那将是一个重大的错误。无论命运有多坏，人总应有所作为，有生命就有希望。”

“有生命就有希望。”这是霍金赠予世人的精神财富，他腿不能站，身不能动，口也不能说，但他却坚强地活了下来，并给自己的命运重新“洗牌”，获得了极大的成就。我们有健壮的脚，有灵活的手，可以正常地生活，是不是可以做得比霍金更好呢？

“愿以我一切所有换取一刻时间。”伊丽莎白女王临终前的遗言即在启迪我们，生命是最宝贵的拥有，只要活着就已经是极大的恩宠。既然如此，我们又何必不断纠结于生活中的种种不如意呢？一切都仅仅是生命中小小的插曲而已。

也许，你太习惯生命的存在，尚未意识到活着的恩宠。但是，当生命一旦遇到变化，偏离了原来的轨道，你会顿然恍悟。事实上，那些真正与死神擦肩而过的人都会深刻感悟到：只要活着，其他任何痛苦都不算什么。

秘鲁人Pokey是一位从事皮草生意的商人，他经常为自己的生意不好而黯然神伤、闷闷不乐。为了扩展商业版图，打开新的市场，Pokey带着几名手下横渡大西洋，准备前往法国考察。谁知突遇灾祸，被困在大西洋中，他们毫无希望地在大海中漂流了长达一个星期之久，最后竟奇迹般地获救。

死里逃生后，Pokey好像变了一个人，他不再像以前那样为了生意上的事情大呼小叫，而且他还缩小了自己的贸易公司，开办起一家免费的社区俱乐部，没事的时候，他喜欢和人们在太阳底下喝咖啡、聊天、下棋，笑声不断。

周围人都惊讶于Pokey如此巨大的改变，对此，Pokey解释道："自从那次海上遇难后，我学到了人生中最重要的一课，那就是："只要活着就是最值得快乐的事情，没有必要再奢求其他的什么东西。只要活着就有希望。我一定会凭借自己勤劳的双手去努力开创新的生活。"

有这样一个报道：第二次世界大战时，一名士兵被炮弹碎片刮伤了喉咙，流了很多血，他和一些同样在战场上受伤的士兵被送到了医院。在医院里，伤员们的脸上写满了颓废和恐惧，他们每天都处在忧虑和痛苦中。这时，那名喉咙受伤的士兵写了一张字条问医生："我还能活下去吗？"医生回答道："当然，只要你愿意。"于是，士兵笑着在纸上写道："他妈的，那老子还有什么好担心的？"

得知自己能够活着时，这名士兵笑了，他没有抱怨战争的残酷，也没有担心自己以后是否能说话。毋庸置疑，他是一位拥有"悍马"般强大内心的人，他清楚地知道，活着是人生最大的资本，不必纠结其他。

因此，当面对生活的艰辛、人生的失意以及事业的受挫时，不要再变得心灰意冷，更不要丧失生的勇气，不管再苦再难都要撑下去，不为别的，只为在迷茫中找到希望，只为能对得起自己鲜活的生命。

第15章

尝试接触新事物，成就全新的自己

害怕树叶的人永远都无法走入森林。打破以往的心灵秩序和你与世界的联系方式，才能在心理上变得强大。

不冒风险，怎能获取成功的机会

人生不能只做有把握的事，危险常与成功并存。不冒险，永远只能在平淡的生活中度日。如果你想让自己成功，如果你要告别现在的平凡生活，不如做点儿尝试、做点儿冒险。

一天，有人问一个农夫是不是种了麦子。

农夫回答："没有，我担心天不会下雨。"

那个人又问："那你种棉花了吗？"

农夫说："没有，我担心虫子会吃了棉花。"

于是，那个人又问："那你种了什么？"

农夫说："什么也没有种，我要确保安全。"

在现实生活中不乏像农夫一样的人，他们的内心不够强大，为了维护自身安全和既得的利益，不敢去做哪怕是一点点的尝试。而这种行事风格难免使他们畏首畏尾，白白错失良机，到头来什么也没有、什么也不是。

其实，成功的机会是同风险叠合在一起的，险中有夷，危中有利，"高风险，意味着高回报"。不冒点儿风险，哪来出人头地的机会呢？如果哥伦布不航海探险，能发现美洲新大陆吗？如果达尔文不亲身探险、搜集资料，能完成巨著《进化论》吗？

是算计风险，还是力求稳妥，决定了我们是否能有别于过去。同时，这也是我们能否改头换面、开创崭新未来的关键所在。

那些在任何领域成为领袖的人物，他们之所以有与众不同的魅力，之所以能够成为顶尖人物，不仅因为他们有很强大的能力，还因为他们有很强大的内心，敢于尝试接触新事物，勇于面对风险之事。

比尔·盖茨说过这样一句话："所谓机会，就是去尝试新的、没做过的事。可惜在微软的神话下，许多人要做的仅仅是去重复微软的一切。这些不敢创新、不敢冒险的人，要不了多久就会丧失竞争力，又哪来成功的机会呢？"

的确，微软公司一向只青睐具有冒险精神的人，他们认为这是一个员工思考能力和人格魅力的表现，他们甚至宁愿冒失败的危险选用曾经失败过的人，也不愿意录用一个处处谨慎却毫无建树的人。在微软，大家的共识是，最好是去尝试机会，即使失败也比不尝试任何机会好得多。

一次，一位新到公司的设计人员开发研制了一种新的软件，然而市场反应不佳，致使公司损失了一笔钱。这名员工心想自己要被炒鱿鱼了，可新产品部主任却告诉他："我要向你表示祝贺，你能犯错误，说明你勇于冒险。我们公司就需要你这种有冒险精神的人，这样公司才有发展的机会。"

从某种程度上，这是这种冒险精神成就了盖茨，成就了微软。

成功是人生路上的美丽花朵，它通常不会长在路边，最美丽的花往往是开在充满荆棘的深谷里。如果没有冒险精神，永远只能看到路边的野草。而冒险有时会获取成功，就像是采摘到充满荆棘的深谷里的最美丽花朵；有时也会失败，就像没有采摘到的花朵，掉到了深谷里。

因此，冒险之前要做好充分的思想准备。一般来说，理清事情的大体方案后，你不需要走一步看一步，需要的是立即付诸行动。海尔总裁张瑞敏说过："如果有50%的把握就上马，就有暴利可图；如果有80%的把握才上马，最多只能获取平均利润；如果有100%的把握才上马，一上马就亏损。"

李嘉诚是香港大富豪、全球华人首富，是一位非常成功的人。在他的成功历程中，敢于冒险的精神起了非常关键的作用，用他自己的话说就是："商人既要有成功的欲望，又要敢于冒险。虽然我时刻注意防范风险，但并不意味着我不敢冒风险。很多时候，因为冒险精神，我取得了成功。"

李嘉诚22岁时创办了“长江塑胶厂”,蜚声全港。20世纪50年代,欧美兴起塑料花热,一家销售网遍布美国、加拿大的北美最大的生活用品贸易公司有意到香港进行实地考察。李嘉诚得知这一消息后,立即果断拍板:一周之内,将塑胶花生产规模扩大到令外商满意的程度。他将旧厂房退租,新租了一套占地约1万平方英尺的标准厂房,购置新设备、安装调试设备、新聘工人并且培训上岗……为了筹集资金,他不惜把自己多年来辛辛苦苦营建的工业大厦抵押了出去。

因此,部下们心里不免犯嘀咕:做事一向沉稳的李嘉诚怎么了?商人还没有来,还没有打照面,就花这么大的血本。如果生意谈不成,岂不是鸡飞蛋打?但是李嘉诚知道,扩大塑胶花生产的规模是吸引住这位大客商最大的引力所在,如果不冒险,就等于将机会让给了别人。

这件事是李嘉诚在一生当中冒的最大、最仓促的险,不过十分值得。那家外商参观了李嘉诚的新厂后由衷地称赞其可以与欧美同类厂媲美,当即说:“好吧,我们现在就可以签合同。”通过这家公司,李嘉诚获得加拿大帝国商业银行的信任,并日后发展为合作伙伴关系,进而为进军海外市场架起了一道桥梁。

成功并不是携带着和风细雨而来的,更多的时候是“山雨欲来风满楼”。在行动之初,甚至不清楚是否能够成功时,一般只要预估到有七成的把握,就应该下定决心去做,往往能够成就许多事情。

总之,要想开拓崭新的事业,创造出一番新天地,获取巨大的财富,你就要壮大自己的内心,用勇气代替懦弱和恐惧,用主动出击替换等待和退缩,敢于冒风险,乐于冒风险,并将敢于冒合理的风险这一原则深入到头脑中。

打破固定的圈子，不断往高处走

人与人之间由于任何一种共性，无论是职业、品位、爱好、特长、个性、收入，甚至年龄、性别，都足以组成一个个不同的圈子，这正应了一句俗语："物以类聚，人以群分。"每个人都在无形的圈中扮演着不同角色。

遗憾的是，有些人总喜欢在固定的人际圈子里自我认同，与认识的人相处，做自己会做的事，而不太愿意融入社会中其他的圈子，排斥外界；当走出人际圈时就会感到不舒服，很自然地想要退回到界线内。

回想一下，在人际交往中，你是否出现过这种现象：总喜欢和熟识的几个人相处，在固定的人际圈子里自我认同？当安排活动或者相互认识时，也往往愿意小范围窃窃私语，不愿意跟不熟识的人进行交流？

的确，突破自我原有的局限性，走出固定的人际圈子，跟不熟识的人进行交流，开始的时候会令人感到不舒服、不自在，但是如果不这样，你就永远无法扩大自己的视野，无法发挥自己的潜力，发展下去就是极端。

问题的关键是，全球合作时代已经到来，你的生活和诸多人产生了千丝万缕的联系，社会正越来越从传统的熟人社会走向陌生人社会。打破自己的旧圈子，努力让自己的圈子半径越画越大，是一种生存的必须。

设想，如果只有熟人之间才说话，这个世界会变得何等冷清？售货员只将商品卖给熟人，商场何来盈门的顾客？如果一切经济社会活动都只在熟人之间进行，这个社会将会变成死水一潭，何来发展？

美国人际关系大师卡耐基说过："一个人的成功，专业知识作用占 15%，而其余的 85%则取决于人际关系。"打破你的旧圈子，扩展新圈子，拥有丰厚的人脉资源，你就在成功路上走了85%的路程了。

这是因为，不同的圈子有不同的能量，不同的圈子能产生不同的化学反应。从一个圈子到另一个圈子、从一个领域到另一个领域，选择不同的圈子就会有不断的交叉突围，这是一个不断“往高处走”的过程。

现如今，全国各地，各种档次的“企业家班”、“金融家班”、“MBA班”办得如火如荼，虽然学费高得让人咋舌，但那些已经早已超出普通人生活水平的老板们仍热衷于重归莘莘学子的刻板生活。其实，学知识只是一方面的原因，更重要的原因是为了结识新的圈子，以便互相交流管理和行业发展的心得。

对此，一位民营企业家毫不掩饰地说：“在这里，我可以认识来自全国各地的精英们，大家彼此分享生活和智慧，各种思想火花都在这里聚集碰撞，这是一种极好的思想交流方式，哪里是花钱能买得到的？”

社会是一个大家庭，是由熟识的人、陌生的人、半熟识的人、半陌生的人组合成的，不管愿意与否，也不管自觉与否，我们需要与不同的人彼此交往、相识、沟通、合作等，这是个绕不过去的坎、非跨不可的沟。

既然如此，我们除了纠正理念上的偏差，跳出认识上的误区之外，最主要的是强大自己的内心、克服心理上的障碍，正视它、面对它，毕竟因为不了解，扩展新圈子意味着不确定性与危险因素的存在。

因为对职场尔虞我诈充满了畏惧感，文雅自从加入这个著名IT公司做后勤的第一天，就制造了强烈的圈子之别。她和后勤部门的几个人组成了一座坚固的“城堡”，根本不与工程部来往。然而，在这个以技术为主导的公司，实际上工程师们才是核心。文雅的做法俨然是不讨好工程师们，因此工作开展得并不是很顺利。

能力受到了领导的质疑，文雅不甘心就此接受被炒鱿鱼的命运，于是决定将自己的圈子从后勤部延伸到工程部，“怕什么，他们又不会吃了自己。只要自己好好对他们，将心比心，他们哪会给自己‘使绊子’？”于是，文雅开始主动参加工程部的聚会，和他们一起吃饭、打牌、去卡拉OK唱歌……

当然，文雅苦心经营的“圈地运动”给她带来了丰厚“利润”：她成为了工程部眼中对人友善又豪气的女强人，有时在工作上碰到问题，她会向工程部倾诉求助，有人脉、有信息、有经验，这种来自不同部门之间“信息汇总”的准确度颇高，文雅出色的业绩受到了高层的嘉许。

分工不同的职场，圈子与圈子永远不是平行关系，文雅的高妙就在于勇敢地打破泾渭，化被动为主动，从后勤部走到了工程部，拉近了和大家的距离，一改“外来空降兵”常被批评“不能融入团队”的宿命。

“我有一个苹果，你有一个苹果，交换一下，每人还有一个苹果；我有一个思想，你有一个思想，交换一下，每人至少有两个以上的思想。”开放自己的心灵，打破固定的圈子，你就能变得优秀、再优秀。

为此，你可以通过各种关系主动加入一些有影响力的团队和圈子，主动积极参加圈子里的活动，主动与大家分享你独特的经验；主动走近陌生人，尝试多和陌生人打招呼和聊天，进入陌生人的世界……

走出你的“舒服圈”，实现“鲤鱼跳龙门”的飞跃

就像每个人都有一个交际圈一样，每个人也都有自己的一个生活圈，在这个圈子里，我们可以按照惯性行事、生活，我们会感到舒适轻松、不会紧张。但是必要的时候，我们仍需要勇敢一点儿，走出自己的“舒适圈”。

大家都听说过《鲤鱼跳龙门》的故事。

某个山脚下的小湖里生活着好多鱼儿，它们每天自由自在地游来游去，但是狼多肉少，食物日益消减。一天，有一条小鲤鱼儿指着一道龙门对同伴们说：“我们跳过这个龙门，一起在大河流里生活吧。”

谁知，小鲤鱼的同伴们看了看那道高3寸宽的龙门，纷纷摇头说：“我们在这里已经习惯了，懒得动了”、“跳什么跳，小湖无风无浪，生活得多舒服啊，河里会有大鱼袭击我们，风浪拍打我们……”、“再说了，那么高的龙门你能跳得过去吗？弄不好会摔死的……”

小鲤鱼不再说话了，它每天都不停地跳着。终于有一天，它使出全身力量，像离弦的箭一样纵身一跃，跳过了那个龙门，跳进了下游的河流，里面有很多可口的食物，而且可以自由游弋。而湖中的小鱼们则因为吃不饱食开始愁眉苦脸。

这个“鲤鱼跃龙门”的故事说明了一个道理：敢于走出固定的生活环境将拥有更广阔的发展空间，成就全新的自己，改变自己的命运；而那些死守着一份“圈子”的人是目光短浅、思想狭隘的，永远不会有什么突破。

早在2001年，美国著名畅销书作家斯宾塞·约翰逊在他出版的图书《谁动了我的奶酪》中就已经提出了这样的观点：“生活永远在变化中，别以为目前的

舒适是一种享受，享受惯了这种舒适，你也就变成了呆子、傻子，最终必将一事无成。只要你敢于舍弃目前的舒适，那么等待你的必将是甜美的新奶酪。”

你为什么不敢改变自己的环境？为什么否定“舒适圈”之外的世界，或者是否定“舒适圈”外自己的价值？其实仔细想想，那不过是你内心弱小的借口罢了。人要走出固有的舒适圈是一件相当难的事情，需要某种力量的推动，即内心的决心和信念。有难度不怕，怕的就是你不敢。

在一本杂志上有这样一篇文章。

导师是一位很优秀的教授，那一年他带了8个研究生，各个出类拔萃。毕业后马上就要各分东西了，临行前大家在一起聚餐话别，学生们请导师讲几句话，也可以说是给他们上最后一课。

导师没有说话，只是找出一张纸，在纸上画了一个圆圈，中间站着一个人，周围是一座房子，导师说：“这个圆圈里面的东西对你们至关重要：你的住房、你的家庭，在这里，你很自在、安全。但如果有一天你从这个圆圈走出去会发生什么？”

一个学生说：“有危险，会害怕。”另一个说：“会犯错误。”

导师摇摇头，大家鸦雀无声。导师再次拿起笔，又画了一个更大的圈，又画了一座更大的房子……“当你离开舒适圈以后，你学到了你以前不知道的东西，你增加了自己的见识，变成了一个更富有的人。”

这是一个多么形象化的比喻。很多人都喜欢安逸、悠闲的生活，正是因为内心弱小，害怕外面的风险、危险。但是，当我们强大自己的内心，学着勇敢一点儿，走出生活的“舒适圈”，敢于尝试接触新的事物、新的生活时，我们的用武之地就更广阔了，而不会再囿于以前固定的生活。

外面的世界很精彩，从舒适的生活圈子中走出来，融入到人生大舞台，放飞自己的无限遐想和活力，很多时候我们会像鲤鱼跳龙门一样获得非比寻常的发展，使人生旅程更加丰富多彩、更加绚烂多姿。

敢于尝鲜，做第一个吃“螃蟹”的人

人人都渴望机遇，人人都梦想成功，但是世界上的成功人士永远只占极少数。是什么阻碍了我们迈向成功人生的脚步呢？从很大程度来说，是因为我们内心孱弱，勇气不足，不敢做别人没做过的事情。

传说，很久之前，螃蟹堪称为可怕的动物，它双钳开路、丑陋凶横，无人敢去碰它，遇见了只会躲着走，更没人想过去吃它。可偏偏有一个人不但捉住了螃蟹，还壮着胆子吃了它的肉，而且发现它的肉极其鲜美，并告诉了大家，于是被人畏惧的螃蟹一下成了家喻户晓的美食，一直延续至今，这个人也被我们尊称为“第一个吃螃蟹的人”。

你觉得第一个吃螃蟹的人怎么样？你会如何评价他呢？相信很多人会给出这样的回答：“他很勇敢”、“他胆子很大”、“他是一个英雄”……

的确，第一个吃螃蟹的人是需要莫大勇气的，鲁迅先生就曾称赞道：“第一个吃螃蟹的人是很值得佩服的，若不是勇士，谁敢去吃呢？”鲁迅还说过：“其实地上本没有路，走过的人多了，也便成了路。”

第一个吃螃蟹的人绝对是拥有“悍马”心理的人，那种大胆探索新东西、敢为天下先、甘做先锋者的勇气和魄力就是最好的证明。而且，凭借着这份勇气，他们能够战胜困难、鼓足劲头，成为新时代需要的人。

有一段时间，在福建省漳州市漳浦县的一个叫李荣良的小商人成为了各大媒体关注的焦点，因为他只用了仅仅不到10年的时间就积累了上百万元的资产，成为了当地小有名气的富商、当地媒体关注的焦点。

1993年，李荣良到深圳出差，他看到商店门口都挂着大大小小的遮阳棚，非常整洁，想到漳州市政府部门对市容市貌的建设已经比较重视了，而整个漳州市还没有遮阳棚，李荣良觉得这是个不错的商机，于是决定投资遮阳棚生意。

“没听说咱们这儿有做遮阳棚的，你还是慎重选择为好。”家人与朋友纷纷劝说他，但是李荣良说：“那就让我来做第一个。”他借了2000元钱，做起了遮阳棚生意，结果，由于遮阳棚适合时宜又抢得了市场先机，县城建部门都愿意从李荣良这订货，甚至主动替他联系和推展业务。仅一年的时间，遮阳棚生意便在漳州市火了起来。

做了几年以后，漳州市开始出现了一些仿效者，遮阳棚的利润降了下来。李荣良原本想把眼光放在开发遮阳新品种上面，但考虑到这种产品的市场潜力并不是很大，他开始找另外的创业机会——投资榕树盆景。

然而，树怎么能栽到盆里呢？对于漳浦县人来说，这可是一个比较新鲜的词，但是李荣良却认为房地产的开发必会引起室内盆景的热销，而榕树具有四季常青、净化空气、寓意吉祥、管理方便等优势，必将大受欢迎，于是他倾尽全力建设400亩基地，全部种上了榕树，结果3年后赚到了百万元丰厚的利润。

无独有偶，享誉世界的时尚大师皮尔·卡丹也是第一个敢吃螃蟹的人。

1979年，皮尔·卡丹以旅游的名义来中国推销自己的服装，他是第一位访问中国的欧洲时装专家。要知道，那时候在刚刚改革开放的中国，最流行的服装是中山装和军装，颜色也只以蓝色和绿色为主。

当时有朋友惊诧地问皮尔·卡丹：“你疯了吗？你去中国干什么？”但皮尔·卡丹预见到中国一定会变化，他在北京民族文化宫举办了中国第一次模特服装表演，跳跃晃眼的颜色、性感灵动的女模特在北京城引起了极大的轰动，《中国青年报》更是发起了一场关于什么是美的讨论。1981年11月，“皮尔·卡丹”品牌时装正式进入中国市场，这是最早进入中国市场的国际品牌，从此西方人印象中的中国服装不再是清一色的军装。

1983年,皮尔·卡丹又在北京开设了中国第一家“马克西姆”餐厅,这是中国第一家中外合资的餐厅,也是第一家西餐店。当时,西方媒体普遍认为这位法国老头疯了,因为在人均月收入只有几十元人民币的国家,高级法国餐厅的出现无异于商业上的自杀,但事实证明,“马克西姆”餐厅的生意相当不错,各界中外名流时常光顾,甚至成为那个年代中一处中西文化交流的据点。

在新旧摩擦的时刻,无论是颜色鲜艳、样式多样的时装,还是高级的法国餐厅“马克西姆”,对于中国人来说都是新事物。皮尔·卡丹正是通过第一个“吃螃蟹”,改变了中国人的观念,在中国成功建立了自己的商业王国。

的确,商业社会有个共同现象,就是一有赚钱的生意,人们便趋之若鹜;一有热门货,人们便蜂拥而上。

而那些内心强大的人不会人云亦云,而是敢于尝试接触新事物,勇于争做第一个吃“螃蟹”的人。正因为此,第一批卖电脑的人、第一批卖VCD的人、第一批卖手机的人、第一批卖饮水机的人都赚得盆满钵满了……

你为什么不成功?扪心自问一下,你的内心够强大吗?面对一个新生事物,你的态度是怀疑、是犹豫,还是观望?你愿意去了解它吗?你敢于做新鲜事物的先锋者吗?别人没做过某件事时你敢去尝试吗?

不钻牛角尖，多做点儿“脑筋急转弯”

生活中，你是否总在抱怨自己怀才不遇，自责总被大大小小的难题吓倒，愧疚自己的人生不够成功呢？如果是，那你有没有想过这一切不幸是因为自己老钻牛角尖。何为“钻牛角尖”？即脑筋死板、不转弯、不开窍、循规蹈矩。

科学家们曾经进行了这样一项实验：他们将6只蜜蜂和6只苍蝇分别装在两个一模一样的玻璃瓶中，然后将瓶子平放，瓶底朝着窗户。实验的结果是：几分钟后，蜜蜂们或累死或饿死，而苍蝇们则穿过另一端的瓶颈全部逃跑。

这是为什么呢？原来，蜜蜂认为出口必然在光线最明亮的地方，于是就不停地想在较亮的瓶底上找到出口，直到力竭身亡。而苍蝇们全然不顾亮光的吸引，四下乱飞以便寻到出口，结果获得了自由和新生。

在很多特定的时期，打破传统思维，不钻牛角尖，多玩脑筋急转弯，多一点儿创造性思维，敢于尝试新事物、敢于运用新方法虽然意味着要面临一定的风险，但有时要比循规蹈矩能够获得更好的效果，更能迸发出心灵的智慧力量。

下面是一个非常精彩的故事。

某著名跨国公司刊登出一条招聘营销经理的信息，待遇高、发展好，众多的求职者很感兴趣，他们纷纷前来这家公司应聘。经过一轮激烈的初试之后，只剩下了3名应聘者，可是公司只能录取一个。

最后的面试是由总经理亲自主持的，他给出了一个实践性题目——在7日内，向周围山上庙里的和尚推销木梳，销售最多的人胜出。“和尚无发，买梳何用?”甲乙丙3人感到困惑不解,但仍然各自带着梳子上路了。

7日期到,3个人都回来了,总经理问他们推销了多少梳子。

甲有些失望地说:“我只卖出一把。我去寺庙里推销梳子,那些和尚以为我是羞辱他们,便生气地把我赶了出来。在下山途中,我看到一个小和尚在挠头,赶忙递上了木梳,小和尚用后便买下了一把。”

“我卖了5把,”乙有些得意地回答,“我去了一座名山古寺。我看到山高风大,进香者的头发都被吹乱了,便对住持说蓬头垢面是对佛的不敬,应在香案前放几把木梳,供善男信女梳理鬓发。住持采纳了我的建议,于是买了5把木梳。”

最后,丙淡淡地回答:“我卖出去了500把。”

众人惊问:“你是怎么卖的?”

丙慢慢道来:“我来到一个颇具盛名、香火极旺的深山宝刹,只见朝圣者如云,施主络绎不绝,于是我对住持说凡来进香朝拜者多有一颗虔诚之心,不如赠送木梳,意为理清世间纷乱。住持大喜,立即买下500把木梳。

经理听完,不禁拍手叫好,当场和丙签下了就业合同书。

和尚没有头发,哪会需要梳子呢?根据固有经验,相信很多人都会做出这样的判断,因此甲乙两人很难卖出梳子,可是丙却不一样,他没有死钻牛角尖,而是将脑筋转了转弯,另辟蹊径,使问题得到了极好的解决。

在信息空前发达、竞争异常激烈的当代社会,我们必须强大自己的内心,敢于并善于改革创新,如此你会发现不如意化解为如意,困境进入顺境,这正如陆游所说“山重水复疑无路,柳暗花明又一村”。

1976年,美国阿德尔化学公司推出了一种通用型家用清洗剂——莱斯特尔。产品一问世,总裁巴尔克斯就采用了报纸、广播为其作广告。但令人失望的是,莱斯特尔的市场营销很失败,阿德尔化学公司50万美元的营业额在整个市场中只占了一个微小的份额,这令巴尔克斯很是头疼。

经过一番思索，巴尔克斯又想到了电视广告，他决定选择晚上6点以前10点以后的“垃圾时间”。当时，阿德尔化学公司的其他人一致表示了反对，建议巴尔克斯选择黄金时间作广告，因为电视宣传主要是由黄金时间的广告节目构成的，只有肯花巨资购买黄金时间才能取得良好的宣传效果。

不过，巴尔克斯是这样认为的：黄金时段广告众多，很难给观众留下深刻的印象，如果连续几个月都在晚间节目里播出莱斯特尔的广告，既能够节省一部分财力，而且又不会与其他广告节目冲突，这会给观众们留下深刻的印象。于是，他毅然与电视台签订了合同，利用每周30次的垃圾时间，高密度地做莱斯特尔的广告。

出人意料的是，广告连续播出两个月后，莱斯特尔在霍利约克市场上的销量大幅度上升。4年的时间里，巴尔克斯在垃圾时间所做的广告宣传总量遥遥领先于诸如可口可乐等多年雄居广告榜首的大公司，被美国广告界称为“不可思议的电视年”，莱斯特尔家用洗涤剂的销售额高达2200万美元。

工作上如此，生活中也是如此。没有创新思维，不敢大胆尝试，面对生活中突如其来的事情，我们就不可能从容不迫地处理，也不可能做到游刃有余，而这势必会消减我们内心的力量，扼杀我们的成长和脚步。

创新，不是人人都能够做到的，它需要改变思维上的种种陈腐思想，将新的理念贯穿于心灵之中，如同对病人换了一次血。勇敢一点儿吧，只要你这样做了，你就已经获得了与众不同、非比寻常的力量。

改变个人形象，使自信“升级”

你知道吗？一个人内心的力量、内在的思维、认知和情感，尤其是自信心或自卑感在很大程度上受其个人形象的影响。其中，相貌、服装搭配、言谈举止、内在气质等都属于个人形象的重要组成部分。

不相信吗？我们不妨来做一个实验，你先穿上一套颜色暗淡、松松垮垮的衣服，将身体蜷缩成一团，走路也拖拖拉拉的，这时你有什么样的感觉呢？好了，现在改变一下，穿上一套颜色鲜亮、非常合体的衣服，尽量伸展自己的身体，并且抬头挺胸走快一点儿，这时你又是什么感觉呢？

不容置疑，第一种形象会让自己觉得是受打击、被排斥的人，情绪是低落的，心灵是孱弱无力的，完全没有自信心；而第二种形象会让你感到自信心在滋长，觉得自己充满了力量，这就是个人形象的重要性。

意识到了这一点，为了重塑你的自信心，为了强大你的内心，你就应该多注意自己在公众面前的整体形象、着装服饰，注意到自己的言谈举止与风度，尝试着改变自己的形象，升级自己的形象。

事实上，无论你年纪多大，是女人都是美丽的，是男人都是潇洒的。穿比实际年龄小5岁的服装，换一个时髦的发型，走路步伐加大15厘米，加快速度，说话声音大20分贝，在走廊与旁人热情地打招呼……这将标志着你已经开始建立自信的形象了，慢慢地你的自信心就会不断增强，心灵充满力量。这样的例子不胜枚举。

玛丽娅是一家广告公司的市场部经理，她是一个非常有才华、口才极好的女强人，但是35岁以前面对需要唇枪舌剑激烈辩争的对手时，她总显得有些底气不足、缺乏信心，办事情也不够利落，尤其是一遇到强大的对手时，玛丽娅就有些不知所措地慌张，这真是一件令她深感烦恼的事情。

直到一个偶然的机会，玛丽娅认识了一位形象设计师，设计师建议玛丽娅要改变自己的形象。在设计师的坚持下，玛丽娅剪掉了留存多年、冗长乌黑的头发，换了一头非常利索的短发，并染了浅黄色；在设计师专业的指导下，玛丽娅又脱掉了单调的灰色职业装，换上了一身颜色鲜亮并富有朝气的高档套装。

“玛丽娅缺乏自信，源于先前大众化的外在形象抑制了她更高标准的追求，以及降低了她形象的权威度，为此我从玛丽娅的形象入手，让其形象与其能力、地位相符合，我相信这可以激发玛丽娅释放被压抑了的潜能。”形象设计师自信地说。

果真，每当玛丽娅以优雅干练、精神饱满的面貌出现于谈判场上时，她总是能自信地阐述自己的想法，坚持自己的立场，游刃有余地坚守底线，而对手只能屈服在这个具有爆发力和征服力的女强人面前。“现在我每天都很开心，我并没有否定以前的自己，只是觉得通过一定的改变，发掘了隐藏在内心深处的自己的另一个侧面。现在的我更自信、更有活力。”玛丽娅如是说。

玛丽娅在觉察到自己的内心不够强大之后，尝试了新的服装、发型，以一个全新的形象出现在众人面前，她终于做到了。你呢?你的内心够“悍马”吗?你的缺憾可能是穿衣打扮，可能是言行举止，好好地思考一下。

这里提供给你一个很简洁的方法，就是让自己看起来像个成功者。多观察成功者，学习他们的穿衣打扮，学习他们是如何说话办事的。只要稍作改变，你的自信、心灵力量就会大不相同。

艾斯蒂·劳达出身贫寒，没有受过太多教育。起初，她只是帮叔叔推销其制作的护肤膏，可如今她是世界化妆品的女王，拥有几十亿美元的化妆品王国。艾斯蒂是依靠什么取得今天的成就呢?很简单:改变自己的形象,打造成功者形象。

那时候,艾斯蒂每天走街串巷推销产品,但效果很不理想。是不是卖的东西档次不够?于是,她将产品定位于高档次上,可结果还是一样。当多次遭到客户的拒绝后,她终于忍不住问对方:“您为什么拒绝购买我的产品?是我的推销技巧有问题吗?”客户的回答让艾斯蒂铭记一生:“说实话,你的销售技巧很打动人心,而且你的态度非常殷勤,但是你的形象不好。你的形象告诉我,你根本就是一个低档次的人,这让我如何相信你的产品是高档次的?”

艾斯蒂顿悟,她决定重新改造和包装自己,她开始有意识地模仿商界巾帼、名门贵妇,无论是穿着打扮还是举止投足都与她们不相上下。一段时间后,艾斯蒂发现自己整个人看上去魅力四射,颇有“高档次”的风范,她的自信力陡然大增,而这种内外结合的强大气魄让周围人看到她就喜欢,并且主动屈服于她的感染力下,当然她的生意越来越好,好到一发不可收拾。

艾斯蒂个人形象的改变就是源于模仿成功者,经过改变形象的尝试,她从一个“低档次”的人摇身一变成了贵妇的代言,这两种形象截然相反,后者不仅增加了她的自信,也给带来了成功和名气,可喜可贺。

总之,身材可以不完美,但形象是可以改变的,关键是看你如何把握。时时尝试一些新形象,让自己看起来更有活力、更完美,你所持的形象反过来也会影响你的所作所为,塑造成一个全新的、强大的自我。

社会上因受个人形象的羁绊而不够自信、徘徊于成功边缘的人士比比皆是,只是绝大多数人没有意识到受羁绊的根源所在,更没有意识到改变形象是有助于突破这一瓶颈的有效途径,真是遗憾。

让积极的思维带着心态一起转弯

一次，美国总统罗斯福的家中被盗了。消息传出后，亲朋好友纷纷前来安慰他。

但罗斯福似乎并没有把问题想得那么严重，他反而劝慰亲朋说："对于我来说，这实在是一件值得庆贺的事。第一，他只偷去我的财产，而没有要我的生命；第二，他偷去的只是我的部分财产，而不是全部；第三，做贼的是他，而不是我。"

有时，我们的心境更像是一面哈哈镜，投入的影像经过心门的起承转合后被我们人为地改变了。想来，这也是为何面对同样的景象，有人悲哀有人喜悦、有人咒骂有人感恩的原因。如果我们也能像罗斯福那样转变一个角度，凡事多往好处想，那么沉重的悲剧也有可能完全转化为轻松的喜剧。

我们经常受思维惯性的支配，总觉得改变自身是一件极其困难的事。但若能学会换位思考，从不同的角度看问题，那么许多令人震惊的景象将会依次出现。从而比较容易地改变心态，将观念扭转到有利的方向。

人活一世，会遇到许许多多的烦恼。乐观者在面对烦恼时，总在心中做一个更坏的假设来和事实对比，因而他们总是能看到更好的一面；而悲观者总是觉得今不如昔，所以烦恼就会很多。

与其愁苦自怨，倒不如换一个角度，凡事多往好处想，心情自然也就会跟着转变。凡事多往好处想，就其本质来说不是权宜之计，而是一种积极的人生态度。抱有这样心态的人往往都能把握住命运的主动权，坚信自己的力量，坚信阳光总在风雨后，坚信明天会更好。

如此，虽然从事实上来讲，也许不能改变客观事物本身，但却可以引导我们转换视角，改善个人的精神状态。以积极的态度对待不幸，不但可以将不幸造成的损失或带来的不良后果降到最低，甚至有可能影响事物发展的方向，改变自己的不利处境。

有一个人虽然一向健康良好，但也曾在2005年出现过一次“身体危机”。一天晚上，他一如既往地工作至很晚，突然感到胸口不适，呼吸困难。幸亏抢救及时，做了心脏支架手术才得以康复。

就在他情绪十分低落之时，接到了表哥的电话，出乎他意外的是，表哥的第一句话便是：“祝贺你！”

他顿觉莫名其妙，随即感到有些怨愤。他心想，我这么倒霉，还有什么好祝贺的？

没想到表哥接着说：“我之所以祝贺你，第一是因为你这个病没有发生在出差途中，可以及时地到医院就医；第二，梗塞的只是很小的一段血管，不是重要部位；第三，这件事正好给你一个警告：要注意身体了！”

听完表哥的这段解释，他豁然开朗。从此，他格外注意劳逸结合，饮食平衡；改掉了爱发脾气的毛病，学会了控制自己的情绪。几年以来，身体状况一直很好。没想到，“倒霉事”却变成了“好事”。

哈佛大学的詹姆斯教授指出，细如发丝的想法常常能在很大的程度上改变一个人的思维模式。无论是好的想法还是坏的想法，总能在大脑中留下它的痕迹。每个反复出现的想法总是试图强化一种思维习惯。所以如果我们的脑子里充满了不怀好意的消极念头，那么良好的性情也就无从谈起了。

另一方面，不要妄想可以直接铲除一个缺点或一种消极的心态，而应该努力培育与阴影所对立的阳光。坚持积极的，其他相反的思维和心态自然就会逐渐消亡。

要相信，我们很容易成为自己心目中所希望成为的那种人。不断地努力和追求那些更美好、更尊贵、更崇高的事物，那我们自然也会不断取得进步。心中的抱负总会在人生过程中得到展现，然而这种抱负是取决于我们的认知水平的。所以，要想有所改变，就应该从是否有利于成功的角度来看问题，而不应盲从世俗对是非好坏的评价。

凡事多往好处想，心中便是一片朗朗晴空。所谓境由心生，思维方式的差别，给人们带来的影响有时候会大不一样。而且，一旦养成了“往好处想”的思考习惯，便会逐渐形成一种暗示与想象的力量，从而调节身体、改变心态，行为的转换自然也就慢慢形成。